高职高专环境设计专业校企合作规划教材

Enscape for Sketch Real-Time Rendering Tutorial

Enscape 即时渲染教程

主编 彭时矿

副主编 胡 轶 葛治荣

辽宁美术出版社

图书在版编目（CIP）数据

ENSCAPE 即时渲染教程 / 彭时矿主编. — 沈阳：
辽宁美术出版社，2021.9

高职高专环境设计专业校企合作规划教材

ISBN 978-7-5314-9032-6

Ⅰ．①E… Ⅱ．①彭… Ⅲ．①三维动画软件－高等职
业教育－教材　Ⅳ．①TP391.414

中国版本图书馆CIP数据核字（2021）第142656号

出　版　者：辽宁美术出版社

地　　　址：沈阳市和平区民族北街29号　邮编：110001

发　行　者：辽宁美术出版社

印　刷　者：沈阳博雅润来印刷有限公司

开　　　本：889mm×1194mm　1/16

印　　　张：8.5

字　　　数：207千字

出版时间：2021年9月第1版

印刷时间：2021年9月第1次印刷

责任编辑：罗　楠

封面设计：唐　娜　卢佳慧

版式设计：杨贺帆

责任校对：满　媛

书　　　号：ISBN 978-7-5314-9032-6

定　　　价：59.00元

邮购部电话：024-83833008

E-mail:lnmscbs@163.com

http://www.lnmscbs.cn

图书如有印装质量问题请与出版部联系调换

出版部电话：024-23835227

序　言

任何时候，教材建设都是高等院校学术活动的重要组成部分。教材作为教学过程中传授教学内容、帮助学生掌握知识要领的工具，具有传递经验和重构知识体系的双重使命。近年来，新科技、新材料的变革，促使设计领域高速发展，内容与形式不断创新，这就要求与设计行业、产业关联更为紧密的高等职业教育要更加注重科学性、系统性、发展性，对于教材中知识更新的要求也更加迫切。

上海工艺美术职业学院作为国家首批示范校之一，2015年开始将室内设计、公共艺术设计、环境设计整合重构，建立围绕空间设计的专业群；紧密联合国内一流设计企业和相关行业协会，开展现代学徒制，建立以产业链上岗位群的能力为核心的"大类培养，分层教育"的人才培养模式。此次组织编写的系列教材正是本轮教学改革的阶段性成果，力求做到原理与应用相结合、创意与技术相结合、分解与综合相结合，打破原有专业界限，从大环艺的角度，以美术、建筑、新媒体等多学科视角解读空间设计语言，培养宽口径、精技能的实践型设计人才。

教材编写过程中得到上海市装饰装修行业协会、江苏省室内装饰协会、上海全筑建筑装饰集团股份有限公司、上海上房园艺有限公司及深圳骄阳数字有限公司等数十家行业协会、企业的指导与支持，感谢他们在设计教育过程中的辛勤付出。

最后，我们也应牢记，教材的完成只是一个阶段的记录，它不是过往经验的总结和一劳永逸的结果，而应是对教学改革新探索的开始。

上海工艺美术职业学院院长　教授

仓平

前　言

各位读者朋友们大家好！非常有幸能在此为大家分享自己积累的一些渲染表现方面知识。也许在看到本书之前您已经对Enscape这款软件有所耳闻。Enscape的母公司是一家位于德国卡尔斯鲁厄城的小型软件开发公司，其负责软件开发的工程师不过十几号人，但他们开发出来的这款产品在全球却有80多个国家的公司和85%的国际知名建筑公司都在使用。

Enscape是一款基于GPU的即时渲染插件，它可以直接被安装在Rveit，SketchUp，Rhino，ArchiCAD，Vectorworks这五款3D设计软件平台内。从笔者第一次接触Enscape已经过去三年多了，但至今这款软件在业内的热度似乎依然不减，从谷歌关键词趋势图的结果来看，它的热度还在持续攀升。时常能从各SketchUp相关的微信公众号、资讯网站看到与Enscape有关的文章，我想它一定有其独特的魅力。

其实Enscape并不是最先使用GPU即时渲染的渲染引擎，在此之前Lumion与Twinmotion已经凭其实力在业界具有很高的知名度了；Enscape也不是效果最好的渲染引擎，在此之前，V-Ray凭其照片级的渲染效果更是占据了室内、建筑设计渲染行业半壁江山。那么Enscape的竞争优势到底在哪里呢？

第一，产品定位不同。Lumion与Twinmotion虽然采用的也是即时渲染的方式，但这两款渲染引擎更侧重于在最终设计结果的表达呈现上，它们都有着独立于电脑桌面的运行程序。而Enscape是以插件的形式直接嵌入设计平台内，全程深度参与到方案设计推敲、构思的过程中，它的出现可以说改变了设计师原有的"先设计、后呈现"的工作模式，使用Enscape可以"边设计、边呈现"，这样做的好处是可以让设计师随时掌控方案效果。

第二，即时反馈，无须等待。中国有句话叫作：天下武功，唯快不破。V-Ray，Corona等传统渲染软件虽然渲染效果好，但渲染过程往往需要等上几十分钟到几个小时不等，而Enscape采用的是GPU即时渲染的方式，直接省略掉了渲染的过程，打开渲染窗口就能立即看到最终的效果，输出4K效果图只需要5秒左右的时间，输出动画视频的时间更是比V-Ray快上很多倍。在这个快节奏的时代，时间就是金钱，对于某些项目甲方来说，速度比质量更重要。

第三，简单易学。还记得笔者最开始学习V-Ray的时候可是花了不少功夫在死记硬背各种渲染参数设置上，因为V-Ray渲染参数太多了，有时候调错了一个参数，你的渲染测试时间就会成倍增加，试错的成本太高了，所以你最好一次就做对。而Enscape大部分的渲染参数选项都是采用的滑块式调节的方式，非常直观，你不需要去记各种渲染参数，因为它的渲染参数本来也不复杂。如果你有设计软件的使用基础，花上半天的时间就能够掌握Enscape的出图流程。

第四，更新迭代速度快。根据从Enscape官网上查到的信息来看，从2018年10月至2020年8月，Enscape已经更新了6个大的版本，平均每3个月左右更新一个大版本。小版本迭代更是不计其数，几乎每周更新一个小版本。官方开发人员每天都会从官方论坛中收集用户的反馈和建议信息，然后把一些重要的功能在下一个版本中加入，这足以体现官方对用户产品体验的重视程度。

以上就是Enscape这款渲染器的一些主要特点以及我个人的使用心得，相信随着时间推移，Enscape的功能与效果将更加完善。本书将以SketchUp 2019+Enscape 2.8作为演示平台，为大家详细讲解Enscape的各项功能，以及在SketchUp平台上的渲染工作流程，希望能够为想要或正在学习Enscape渲染的你带去一些小小的帮助。

葛治荣

2020年9月　杭州

目 录

「＿ 第一章　渲染入门常识」

第一章 渲染入门常识

1.1 什么是渲染

"渲染"的英文名称叫作"Render"，它是计算机图形学（Computer Graphics，简称CG）中的一个专业术语。它是指通过计算机硬件与专业的绘图软件相结合，将三维模型或场景的信息（几何造型、材质属性、照明信息等）进行模拟计算的过程。最具代表性的行业有游戏设计行业、建筑设计行业。另外，"渲染"一词也广泛运用在影视行业和广告行业，通常用于描述对视频文件进行加工、剪辑后生成最终视频的过程。而本书要讲的"渲染"主要是前者。

1.2 设计与渲染的关系

那么设计与渲染之间又是什么样关系呢？在回答这个问题之前我们先要搞清楚什么是设计。因为每个人的知识储备、社会阅历、职业背景不同，所以每个人对设计的理解也有所不同。我个人的理解比较简单直接：设计就是将抽象化的概念具象化的过程。说得再直白一点就是把脑子里的想法或者创意通过各种方法、工具，比如画笔、计算机辅助设计软件等呈现出来的这个过程，就叫作设计。

通过3Dmax，SketchUp等设计软件我们可以绘制出各式各样的3D数字模型，这些模型都是没有经过"着色"的，看不到模型表面材质的物理反射效果，也看不到自然光和灯光照射到模型上产生的折射、阴影等效果，而"渲染"就是借助计算机还原或者说模拟出模型在真实物理世界中的各种该有的属性。

渲染通常被放到方案设计阶段的最后一道工序，也是完美呈现设计方案效果的关键所在。因此，渲染也可被称为表达设计创意过程的点睛之笔。如果说设计方案是一盘肥瘦相间的五花肉，那渲染就是一勺鲜红油润的郫县豆瓣酱，一道没有郫县豆瓣酱参与的川味回锅肉是没有灵魂的。缺了这一勺豆瓣酱的回锅肉就会黯然失色，有了这一勺豆瓣酱的回锅肉则会令食客回味无穷。

反过来讲，如果没有设计，渲染也无用武之地。豆瓣酱可以为回锅肉这道菜增香添色，但永远无法替代五花肉。因此设计与渲染其实就像是五花肉与豆瓣酱一样，它们是相互成就的关系。

1.3 影响渲染质量的因素

渲染本身是件很复杂的事情，有很多因素会对渲染的效果产生影响，往小了说，比如模型的精度、材质分辨率大小、某盏灯的光线强弱等。往大了说，比如设计方案本身的水平、渲染软件、电脑硬件性能方面的原因都会对渲染的效果产生直接或间接影响。要想做出高质量的效果图，下面这几个方面至关重要。

1.3.1 设计方案

渲染这道工序固然必不可少，但归根结底，渲染只

图1.1 室内小场景

图1.2 游泳馆SU模型与渲染图合成

是"调料",设计方案才是"主料"。没有上好的"主料",再好的"调料"也做不出珍馐美味来。

好的设计方案主要取决于三个方面：第一，设计师的设计创意水平；第二，效果图表现人员的建模、渲染技术水平；第三，模型与材质贴图本身的质量水平。一套优秀的设计方案既需要设计师独具一格的创意，也需要效果图表现人员精湛的建模、渲染技术，还需要有高质量的模型、材质做"底料"。

目前国内的室内、建筑、景观设计行业领域，大部分公司或设计方（装修公司、设计公司、设计院等）只出设计方案的CAD图纸，然后再发包给效果图表现公司制作3D模型方案及渲染效果表现。如果设计方案本身水平就很高，在渲染表现方面可能只需要使出5～7成功力就能得到高质量的效果。如果设计方案本身的水准就很低，那么再精湛的渲染技术和渲染软件恐怕也没辙，特别是室内设计，非常考验设计师的软装搭配水平与审美能力。建筑设计和景观设计主要考验的是效果图表现人员的技术水平和想象力，所谓"三分渲，七分P"正是如此，哪怕设计方案模型很简单，也能靠效果图表现人员"无中生有"、鬼斧神工般的PS修图技术，做出令人惊叹的效果来。

1.3.2 渲染技术

一张好的效果图，跟渲染表现人员精湛的渲染技术是密不可分的。设计方案好比是"食材"，即原材料；渲染软件是工具，好比"炒菜的锅"；渲染技术好比是"厨艺"，指的是菜品的做法以及掌控火候的能力与技巧。如果没有好的"厨艺"，就算把最好的"食材"给你，把最好的"锅"也给你，你能做出"美味佳肴"吗？渲染也是这个道理。

真正的武林高手是见招拆招、一通百通的，就算是草木树叶也可成为他手中的武器。如果你功夫还未练到一定的层级，给你屠龙刀、倚天剑又有何用？我相信很多人都曾被Photoshop，3Dmax，V-Ray，Lumion等各种CG软件官方画廊的作品折服过，包括我也是，我甚至怀疑我们用的真的是否是同一款软件。但事实的确如此。这说明问题不在软件上，而在我们自身的渲染功夫上。

以前常有学员问我："老师，学渲染是不是很难呀？学会V-Ray要多久？"说实话，这个问题是没有标准答案的。我认为这个世界上没有一件事情是不难的，只是难

图1.3.2　炒菜厨师

易程度不同而已，难与易、多久能学会，取决于你愿意付出多少时间与精力去学习、实践。中国不是有句古话叫作"世上无难事，只怕有心人"吗？只要你尽最大努力去做，我认为绝大部分的事情都能找到解决的办法。

我刚开始学习V-Ray的时候也是感觉非常吃力，因为都是全英文界面，对于从小英语成绩就较差的我来说感觉比回老家耕田种地还难，而且很多专业的名词就算翻译成中文也不知道是什么意思。怎么办呢？去网上找资料、买书籍、向高手请教学习，然后再自己找案例反复测试，慢慢摸索，渐渐地找到了一点门路，也觉得渲染越来越有趣了，当时能用V-Ray把室内的灯光打亮就已经让我兴奋不已了。

渲染技术涉及的知识非常多，包括渲染器本身的参数设置选项、模型、材质、照明、构图等各方面的处理技巧，要想做出好的效果图，这些知识都是需要熟练掌握的，在后面的章节中我会逐一进行详解。这里主要还是想让大家意识到学好基本功的重要性，否则，无论你学多少软件都白搭。

1.3.3 建模与渲染软件

建模软件作为设计方案的生产工具，直接决定了方案模型的质量高低，不同的建模软件建出来的模型质量是不一样的；渲染软件是方案模型的"着色器"，直接决定了渲染效果质量的高低，不同的渲染软件渲出来的效果图质量也是不一样的。

先说建模软件，目前室内、建筑、景观设计行业最常用的3D建模软件有3Dmax，SketchUp，Revit，

图1.3.3　3Dmax软件界面

图1.3.3　Sketchup2020

ArchiCAD，Maya，Rhino等，其中3Dmax，SketchUp，Revit这三款软件的用户数量应该是最多的，我就主要说一下这三款软件吧。

3Dmax的定位是一款三维动画渲染和制作软件，它的应用范围涵盖广告、影视、工业设计、建筑设计、三维动画、多媒体制作、游戏以及工程可视化等诸多领域。目前很多室内设计师、建筑设计师选择用3Dmax来制作效果表现方案。这其中不乏以下几个原因：

第一，由于3Dmax进入中国市场的时间很早（大概1999年），不管是在企业还是在职业院校的培训教育普及程度都很高，这也奠定了3Dmax在国内庞大的用户基础。在没有各种云设计、云渲染平台出现之前，大部分室内效果图都是用3Dmax建模的，设计师已经用习惯了；

第二，经过多年的发展累积，随着用户群体的不断壮大，在国内也催生了一大批3Dmax相关的技术交流论坛、设计网站、模型资源等网站，这也为设计师学习3Dmax软件、获取3Dmax模型资源提供了极大的便利，容易找到自己想要的设计素材；

第三，3Dmax本身的建模能力强大，作为一款工业级水准的3D建模软件，别说是室内和建筑模型，就算是更加复杂的影视级模型、场景也能制作出来，因此在设计创意表达上能够满足设计师的需求；

第四，3Dmax模型精度高，渲染出来的效果图也很真实，容易得到甲方认可。

虽然3Dmax有着诸多的优点，但它的学习难度也是比较大的，一般人要想熟练掌握3Dmax至少需要2～3个月的时间。相比之下，SketchUp这款软件要简单得多，SketchUp也是我个人最常用的一款3D设计软件，国内很

多设计师称之为"草图大师"，形容它就像使用铅笔在绘图纸上作画一样灵活。SketchUp的最大特点就是简单、易学、易用，在3D设计软件中应该是最容易上手的了，用SketchUp来做设计方案前期的造型、结构推敲可以说是得心应手。

SketchUp进入国内设计行业的时间也不算晚，大概在2000年。但一直以来似乎不怎么受国内室内设计师的待见，主要是因为SketchUp模型精度没有3Dmax高，渲染的效果也不如3Dmax（其实这两者之间的差距已经很小了）。这是软件产品定位的问题，SketchUp有句Slogan叫作："3D for Everyone"，很显然SketchUp想做一款每个人都能轻松使用的3D设计软件，因此它没有被开发人员设计得像3Dmax那么复杂。

但从全球来看，SketchUp的受欢迎程度却远远超出了3Dmax，这一点从2010年至2020年这10年间的谷歌趋势分析对比图就能够看出来。SketchUp在建筑、景观设计行业的使用率相当高。一是因为建筑设计、景观设计项目在概念设计阶段通常更注重建筑外观造型和户外的配景布局，

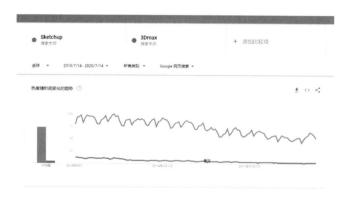

图1.3.3　Sketchup，3Dmax谷歌趋势对比

SketchUp非常适合用来做方案布局与推敲；二是因为大部分建筑与景观设计项目需要制作设计方案PPT向甲方演示汇报，SketchUp无疑是最适合快速表达设计创意的工具。

现在有很多国内的设计机构也都用SketchUp来做前期的概念方案设计与推敲，国外的很多设计师连施工图也都是直接用SketchUp出。因为模型都是现成的，不用重新建模，也不用转换模型格式，只需要把SketchUp模型导入LayOut就可以输出三维彩色的施工图，直观、易懂、易沟通。另外，SketchUp还可以与V-Ray，Lumion，Twinmotion等渲染软件无缝衔接，无论是出效果图还是出动画视频都很方便。

Revit是建筑行业应用最广泛的BIM（Building Information Modeling，建筑信息模型）建模软件之一。Revit最大的优点是参数化构件，它可以自定义建筑构件（比如墙体、楼板、梁柱、门窗、钢筋等）相关的属性参数（比如尺寸规格、重量、价格、材质属性等）。换句话讲，Revit的所有模型都是可以带参数的，这可以有效地管控建造成本，帮助建筑师减少错误和浪费，以此提高利润和客户满意度，进而创建可持续性更高的精确设计。

Revit是一款高效的协同设计软件，不管是团队内部还是不同专业间（建筑、结构、机电、设备、暖通等）的设计人员都可以基于同一个平台进行协同设计，大大提高了建筑师、工程师、承包商、建造人员、业主之间的沟通效率。

跟3Dmax与SketchUp相比，Revit不只是一款3D设计软件那么简单，它的可施工性、专业性更强，一般只有大型的商业建筑等项目才会用到Revit建模。但Revit的异形建模功能没有3Dmax强大，使用便捷性不如SketchUp，三款软件各有各的优势与劣势，这就看你自身的设计需求了。

我们再来说渲染软件，随着计算机硬件技术与CG软件技术的快速迭代升级，再加上以游戏行业、影视行业为代表的文娱产业的井喷，近年来各种渲染软件如雨后春笋般

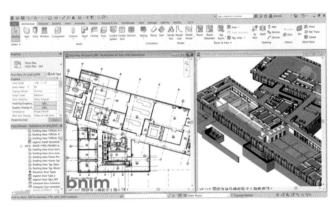

图1.3.3　LayOut三维施工图

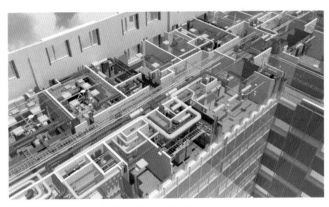

图1.3.3　Revit MEP（管道机电设备）效果图

图1.3.3　Revit软件界面

图1.3.3　V-Ray渲染器效果图

图1.3.3 Enscape渲染器效果图

图1.3.3 Thea Render渲染器效果图

图1.3.3 Corona渲染器效果图

图1.3.3 Twinmotion渲染器效果图

层出不穷、争奇斗艳。目前室内设计行业比较主流的渲染软件有V-Ray，Thea Render，Corona，Enscape等，建筑、景观设计行业有Lumion，Twinmotion等。

　　就渲染器本身的功能特点来说，V-Ray无疑是我接触过的渲染器中效果图质量最好的一款。V-Ray支持3Dmax，SketchUp，Revit等主流的3D建模软件。在V-Ray渲染器中，用户可以调整、设定的参数非常丰富，也正是因为如此，V-Ray的效果图看起来是最接近物理现实的，但这些丰富的渲染参数也拖慢了V-Ray的渲染速度。所谓慢工出细活，这既是V-Ray最大的优点，也是其弱点之一。

　　相对于另一款"傻瓜式"的渲染器Enscape来说，V-Ray的学习难度也要高一些。如果你拿到的项目比较着急，我建议你可以尝试一下Enscape，其惊人的渲染速度一定不会让你失望，即使是渲染4K动画视频也无所畏惧。为了提升渲染速度，让软件更容易上手，Enscape简化了很多渲染参数的计算，但如果你的渲染技术足够精湛，也能渲染出与V-Ray差不多的效果。

　　Thea Render是一款高质量的基于物理的全局照明渲染器，它和V-Ray的渲染方式与渲染速度也都差不多，虽然这两款渲染器都支持GPU实时渲染，但反馈速度跟Enscape比起来还是要差很多的。Thea Render的学习难度与渲染效果都介于V-Ray与Enscape之间，但作为渲染界家喻户晓的"大哥"，V-Ray还是要比Thea Render和Enscape吃香很多。

图1.3.3 Lumion渲染器效果图

Corona Renderer是一款现代高性能非偏置照片级真实感渲染器，它的渲染质量与V-Ray几乎是不相上下，渲染速度比V-Ray还要快一些，非常适合用于室内场景效果表现。Corona的功能虽然没有V-Ray丰富，但比V-Ray更容易上手。也许是因为看出了Corona是只渲染领域的潜力股（或者说是劲敌），V-Ray的母公司Chaos Group在2017年果断地把Corona收购了，因此V-Ray与Corona的材质是可以相互转换兼容的。Corona目前仅支持3Dmax与Cinema 4D这两款软件，对于SketchUp用户来说有点小遗憾。

室内设计比较追求精确、细腻、真实的照片级效果，选择V-Ray，Corona，Thea Render，Enscape都可以。如果你从事的是建筑设计和景观设计行业，我推荐使用Lumion和Twinmotion这两款实时可视化渲染器。这两款渲染器都拥有独立的桌面程序，同时几乎兼容目前市面上所有的主流3D设计软件，比如SketchUp，3Dmax，Rhino，Maya，Revit，ArchiCAD等。

Lumion和Twinmotion的强项是渲染动画视频，输出单帧效果图、360度全景图只是"赠送"的功能而已，Twinmotion还能出360度全景视频以及VR虚拟现实场景文件。这两款渲染器自带的模型库中拥有丰富的配景模型，比如各种植被、人物、动物、交通工具等模型应有尽有，而且都是实时动态的效果，立马就能让整个设计方案"活起来"，植物的形态与色彩还能随着季节的变化而变化，深得设计师与甲方的欢心，这是目前V-Ray，Corona，

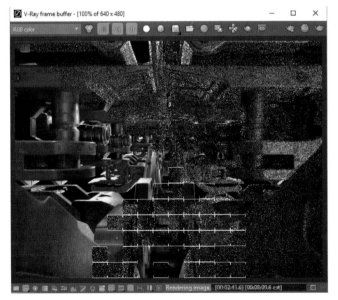

图1.3.3 V-Ray渲染方式

Thea Render，Enscape没有的优势。

此外，Lumion和Twinmotion还拥有实时动态的天气、季节调节系统（能模拟天气与季节变化）、地形制作工具（可以雕刻出山川、河流、湖泊等）等强大功能。最关键的是，学习难度低，我想对于建筑、景观设计行业的用户朋友来说，没有比这两款渲染软件更适合的了。

1.3.4 计算机硬件

子曰：工欲善其事，必先利其器。无论你是从事设计工作，还是从事渲染工作，要想提高工作效率，没有一台高性能的电脑怎么行呢？就算渲染软件与渲染技术再高超，没有高性能的计算机硬件支撑，一切都无从发挥。电脑的性能高低决定了建模时的流畅度与渲染时的速度，对效果图质量也会产生一定的影响。

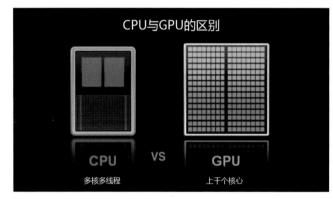

图1.3.4 CPU与GPU的区别

传统的渲染方式基本上都是拼CPU（中央处理器）的核心与线程数，最具代表性的渲染器就是V-Ray了，相信很多朋友见过V-Ray在渲染时用CPU跑格子的情形，一个格子就代表一个线程，线程越多渲图速度肯定就越快。渲染的过程对于设计师来说是相当漫长、煎熬的过程，如果是以前那种四核八线程的CPU，可能渲染一张2K分辨率的高清大图就要一个晚上的时间。

由于当时受制于CPU制造工艺的原因，也是没有办法，连渲染参数都不敢设置得太高。一是需要很长的时间来渲染，二是生怕渲染软件崩溃。要想出图快、成本低，只能借助于专业的云渲染农场，多台服务器联机同时渲染。如今随着计算机性能的提高，渲染的速度也跟着被提高了，现在GPU实时渲染技术已经成为一种趋势，很多渲染引擎纷纷引入GPU渲染方式，比如V-Ray，Thea

Render，甚至有的渲染引擎就是为实时渲染而生的，比如Enscape，Lumion，Twinmotion，只需要给电脑装上一块高性能的显卡就能突破渲染效率的瓶颈。

1.4　如何选择适合设计渲染的电脑

软件决定了渲染效果，硬件决定了渲染效率。从事设计渲染工作，除了要学好软件技术以外，还要选择一台适合的电脑。那么问题就来了，做设计渲染工作，到底是选台式机好呢还是选笔记本电脑好？

这个主要还是根据你自己的工作情况来决定，如果你基本都是在固定的地点办公（比如公司或家里），那么选择台式机是比较适合的，与笔记本电脑相比，台式机性价比更高，散热性好，能胜任长时间的设计、渲染工作。如果你需要经常出差或者上门洽谈客户，那就选择笔记本电脑（建议选择游戏笔记本电脑），主要是携带方便。笔记本电脑画CAD图纸、建模都没什么大问题，但如果长时间渲染机身就容易发烫，可能会导致CPU出现降频，从而降低计算性能，这个大家需要注意。所以，最完美的解决方案就是"台式机+笔记本"协同工作的方式。

图1.4　台式机　　　　图1.4　笔记本电脑

1.5　对设计渲染影响较大的硬件

中央处理器（CPU）

中央处理器（CPU）是电脑中最重要的硬件之一，它相当于人类的大脑，主要负责处理电脑系统发出的各种指令，CPU性能越强，处理数据信息的速度也就越快。

选CPU主要看两个重要的参数指标：一是主频，二是核心与线程。CPU的主频表示CPU内核工作的时钟

CPU中央处理器　　　GPU图形处理器　　　DRAM动态随机存储器

图1.5　对渲染影响较大的硬件

频率，时钟频率的高低在很大程度上反映了CPU速度的快慢。目前5nm工艺的AMD CPU什么时候出3Dmax，Auto CAD，SkehchUp都是单核建模软件，这意味多核多线程的CPU在建模的时候是发挥不了作用的，还得看主频。CPU的主频单位通常用GHz（千兆赫兹）表示，比如3.5GHz、4.2GHz等，CPU的主频虽然对渲染影响不大，但对建模的影响比较大，所以还是建议大家选择主频高一点的CPU。

而做渲染主要看CPU的核心1线程的数量。核心负责所有的计算、接受/存储命令、处理数据等任务，线程决定CPU同时计算处理任务的能力。通常情况下，CPU线程数量与核心数量是对等的，比如4核4线程、8核8线程等，而使用超线程技术可以在一个核心上模拟出两个线程的CPU，如4核8线程、8核16线程等。

目前V-Ray渲染引擎主要采用的渲染方式就是CPU渲染，渲染过程中能从帧缓存窗口中看到很多个跳动的白色小方格，这些白色小方格的数量就是CPU线程的数量。因此，CPU的核心1线程数量越多，理论上出图的速度也就越快，可以节约大量的时间成本。目前电脑CPU的主流品牌只有Intel（英特尔）与AMD（超威半导体）两家，就产品的性价比来说，建议选AMD的CPU。

图形处理器（GPU）

图形处理器（GPU），也就是大家常说的显卡。GPU主要负责图像信息的运算处理。确切地说，GPU就是为渲染而生的，不论是视频剪辑渲染还是效果图渲染（基于GPU的渲染方式），显卡发挥的作用及能力都要远远大于CPU。

影响显卡运算性能的重要参数有流处理器、核心频率、显存容量等。一般来说，这几项参数的数值越高，则代表显卡的运算性能越强大，渲染的速度也会更快，当然价格也会更贵。这里需要特别注意的是，做3D渲染工作

图1.5　显卡天梯图

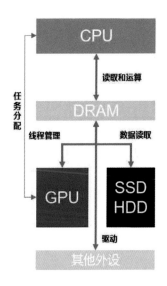

图1.5　内存工作原理

（尤其是实时渲染）的显卡最好配备4GB及以上的显存容量。否则，渲染的时候容易因为显存不足而导致软件闪退的问题。

显卡又分为专业图形显卡（如NVIDIA Quadro系列或AMD Radeon Pro系列）与游戏显卡（如NVIDIA RTX系列或AMD Radeon RX系列）。就工作的性质来说，专业图形卡肯定更适合用来做渲染，但由于其性价比不如游戏显卡高，同样的价格完全可以买到更好的游戏显卡，所以做设计渲染还是游戏显卡更合适一点。由于NVIDIA会在2020年年底前推出下一代RTX 30系列显卡，GTX系列的显卡到2021年就很难再买到了，就目前的时间点来说，NVIDIA GTX 2060（或同等性能的AMD RX系列）这款显卡仍然是性价比最高的选择。

动态随机存储器（DRAM）

动态随机存储器（DRAM）指的就是电脑上的内存条，它的主要作用是负责电脑上的主板、硬盘、显卡等硬件设备直接的数据交换、处理，相当于一座"数据桥梁"。内存条虽然对于渲染的影响没有CPU和GPU那么大，但它也会对渲染的速度特别是软件程序的运行流畅度产生一定的影响。

选择内存最重要的性能参数是看其类型、容量、主频，目前主流的类型是DDR4（第四代内存），它的数据传输速度是上一代（DDR3）的两倍，内存类型相当于桥梁的规格标准，如果说DDR3是一座双向四车道的"桥梁"，那DDR4就是一座双向八车道的"桥梁"，它能够同时传输更多的数据。

内存条的容量大小决定了你的电脑能够同时打开多少个应用程序，当然也要看单个应用程序所占用内存容量的大小。内存容量相当于一座桥梁的最大承重量，比如一座承重量为100吨的桥梁，理论上可以同时通过50辆重量为2吨的小轿车，但如果来了3辆20吨的大卡车，剩下的承重量就只能通过20辆2吨的小轿车了。由于现在的软件程序都很庞大，运行时占用的内存容量也比较多，为了避免在渲染过程中发生软件闪退，至少也要给电脑配备16GB的内存才够用。

内存的主频单位通常用MHz（兆赫）来表示，比如2666MHz、3000MHz、3200MHz等，主频数值越高，理论上数据传输的速度越快。内存的主频就相当于高速路桥梁的最高限速，代表了内存数据传输速度的上限。做3D设计渲染建议大家还是选择频率3000MHz及以上的内存条。内存条的牌子就太多了，但比较好一点的有金士顿、三星、美商海盗船、芝奇、威刚等，大家可以根据自身的经济情况选择。

「_ 第二章　初识Enscape」

第二章 初识Enscape

2.1 Enscape软件介绍

Enscape是一款3D软件平台上的可视化插件，Enscape可适用于建筑、室内、规划、景观等设计行业的项目渲染制作。目前支持Revit，SketchUp，Rhino，ArchiCAD，Vectorworks这五款设计软件。Enscape可以输出单帧效果图、360度全景图、动画视频、VR漫游场景文件。

图2.1 EnscapeLogo

Enscape的三大优势：

1.插件化安装，使用方便。不需要将模型导出，可以直接在设计软件内部进行实时渲染，省去了模型格式转换造成的各种问题；

2.简单易学，所见即所得。不需要像学习V-Ray一样，要记忆各种复杂的渲染参数，一遍又一遍地去测试小样参数，在Enscape里面一切都是实时呈现的，看到的渲染画面跟导出的效果是一致的，真正实现了"所见即所得"；

3.速度快。正所谓：天下武功，唯快不破。Enscape的出图速度惊人，5~10秒就能输出4K分辨率的效果图，如果是渲染动画，可以完胜V-Ray。

2.2 Enscape功能亮点

2.2.1 3D实时漫游

Enscape的渲染窗口和传统的渲染器不同，支持3D实时漫游，可以让你从任何位置与角度观察你的模型场景。

图2.2.1 实时漫游

2.2.2 实时光追

Enscape在更新到2.6版本时开始支持NVIDIA的RTX实时光线追踪技术，采用了新的照明算法，这将让渲染效果看起来更加真实。

图2.2.2 RTX实时光追 off

图2.2.2 RTX实时光追 on

2.2.3 时间轴

通过调整时间轴可以模拟一天24小时中每个时刻天空的不同变化效果。

图2.2.3 时间轴

2.2.4 天气环境系统

拖动环境面板中的滑杆，可以调整阳光、云层、雾、星星与月亮的变化效果。

图2.2.4 天气环境系统

2.2.5 资产库

Enscape自带的资产库（模型库）中包含植被、人物、家具、饰品摆件、车辆等不同类别的模型1500余个（持续增加中），可用于丰富、充实你的场景。

图2.2.5 资产库

2.2.6 材质关键词

只要在SketchUp材质编辑器中输入材质的英文名称，比如Grass，Water等，Enscape就会自动帮你调整出材质的效果。

图2.2.6 材质关键词

2.2.7 模型代理

Enscape支持将复杂、文件量大的模型作为代理模型单独储存到本地，仅以黑色方框显示模型，但并不影响渲染效果，这样可以最大限度地避免卡顿、闪退等问题。

图2.2.7 模型代理

2.2.8　手绘线框效果

开启"线框模式"可以渲染出近似于钢笔手绘艺术风格的效果。

图2.2.8　手绘线框效果

2.2.9　景深与自动对焦

可以为效果图添加类似于摄影的景深虚化效果,并支持自动对焦与手动对焦,让效果图看起来更有艺术感与层次感。

图2.2.9　景深与自动对焦

2.2.10　可输出VR漫游场景

Enscape输出的VR漫游场景(EXE可执行文件)可以让您的客户在戴上VR头盔后,体验有如漫游在3D游戏场景中一样真实的感觉。

图2.2.10　可输出VR漫游场景

2.3　Enscape渲染案例赏析

以下案例都是我们在SketchUp上用Enscape实测的案例。

图2.3　售楼处-SU

图2.3　售楼处-EN

图2.3　中式客厅-SU

图2.3　棕榈屋-SU

图2.3　中式客厅-EN

图2.3　棕榈屋-EN

图2.3　卧室小场景-SU

图2.3　游泳馆-SU

图2.3　卧室小场景-EN

图2.3　游泳馆-EN

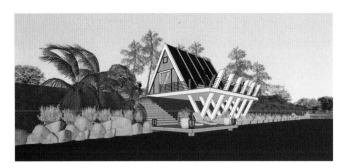

图2.3　水边别墅–SU

图2.3　东南亚风格度假村–SU

图2.3　水边别墅–EN

图2.3　东南亚风格度假村–EN

图2.3　游泳池豪宅–SU

图2.3　度假酒度泳池–SU

图2.3　游泳池豪宅–EN

图2.3　度假酒店泳池–EN

第三章　Enscape系统要求与
下载安装

第三章　Enscape系统要求与下载安装

3.1　Enscape系统要求

1.操作系统：Windows 7 64位或更高的操作系统版本，目前不支持Mac OS系统，但你可以在苹果电脑上通过Bootcamp程序安装的Windows系统上运行Enscpae。

2.设计软件平台：

目前Enscape 2.8版本可兼容以下设计软件平台：

Revit 2018—2021，不支持Revit LT（Enscape与Colorizer和Techviz这两款Revit插件存在冲突，建议在安装Enscape之前卸载这两款插件）；

SketchUp Make或Pro 2018—2020；

Rhino 6.0；

ArchiCAD 21—23；

Vectorworks 2020（Service Pack 3，且只能在Windows 10系统中使用）。

3.中央处理器（CPU）：至少Intel i5系列或AMD R5系列及以上。

4.显卡（GPU）：

至少带有2GB显存的NVIDIA或AMD图形芯片，支持OpenGL 4.4。

NVIDIA GeForce GTX 660/Quadro K2000及更高版本的显卡。

AMD Radeon R9 270/FirePro W5100及更高版本的显卡。

	最低要求	推荐要求	VR推荐要求
操作系统	Windows 7 64位或更高版本。 在MacOS上，通过Bootcamp安装Windows	Windows 7 64位或更高版本。 在MacOS上，通过Bootcamp安装Windows	Windows 7 64位或更高版本。 在MacOS上，通过Bootcamp安装Windows
显示卡	NVIDIA或AMD GPU搭配2GB显存 支持OpenGL 4.4 的NVIDIA GeForce GTX 660 / K2000的 Quadro和新 的AMD Radeon R9 270 / W5100的FirePro 和更新 的最新的驱动程序，或者至少我们推荐的驱动程序	NVIDIA GeForce GTX 1660或具有4GB VRAM的AMD等效驱动程序最新的可用驱动程序，或者至少是我们推荐的驱动程序	NVIDIA GeForce RTX 2070 / Quadro RTX 5000或具有8GB VRAM的AMD等效驱动程序最新的可用驱动程序或至少我们推荐的驱动程序
虚拟RAM	2GB VRAM	4GB VRAM	8GB VRAM
VR耳机			Windows混合现实设备 HTC Vive和HTC Vive Pro Oculus Rift和Rift S 请参阅《虚拟现实耳机》指南中的硬件要求
其他必需软件	Enscape安装程序将检查是否存在运行Enscape所需的其他软件。如果没有该软件，安装程序将提示您下载并安装该软件。要通过命令行部署Enscape，以下是所需软件的列表： • .NET Framework 4.5.2或更高版本（已为Windows 10安装） • Visual C ++ 2015-2019可再发行 • Vulkan运行时		

图3.1　系统要求

如果想要在电脑上体验流畅的Enscape，官方推荐使用NVIDIA GeForce GTX 1660或具有4GB显存的同等AMD系列的显卡。如果你需要在电脑上安装VR虚拟现实设备，官方推荐使用NVIDIA GeForce RTX 2070/Quadro RTX 5000或具有8GB显存的同等AMD系列的显卡。记得同时把显卡驱动更新到最新版本。

在电脑硬件的选择上，就我个人对Enscape及其他多款设计、渲染软件的使用经验来看，大家可以遵循一个原则——买新不买旧。第一，现在的计算机硬件技术更新速度很快，电脑上的主要硬件基本上也是一年一更新，新的产品一发布，上一代产品就会迅速贬值。第二，设计软件本身也会根据市场的需求不断进行版本迭代，随之带来的就是对电脑硬件的参数要求会越来越高。因此，我推荐大家在购买电脑硬件的时候可以选择厂家最新发布产品。

5.VR虚拟现实设备：

●Windows Mixed Reality Devices。

●HTC Vive 或 HTC Vive Pro。

●Oculus Rift 或 Oculus Rift S。

6.其他必需软件：

Enscape在安装过程中会自动检查你电脑上是否安装了以下Enscape所需的其他软件。如果没有该软件，安装程序将提示您下载并安装该软件。

●.NET Framework 4.5.2或更高版本。

●Visual C ++ 2015—2019。

●Vulkan Runtime。

7.不支持的硬件：

Radeon 6000移动GPU。

英特尔集成板载GPU。

SLI（一种把两块或以上的显卡连接在一起使用的接口）。

3.2　Enscape下载安装

3.2.1　如何获取 Enscape

目前国内的网站上有很多Enscape安装程序可以下载，

如果你不知道就去百度一下，但要想体验最新版、最正规的Enscape，还是得去官网（enscape3d.com）下载。

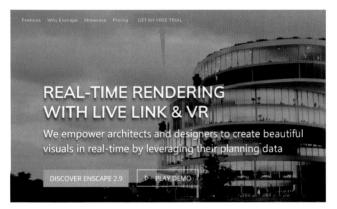

图3.2.1　如何获取Enscape 1

点击官网首页上方的GET MY FREE TRIAL蓝色按钮就可以获得14天的免费试用版。

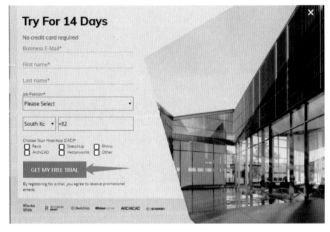

图3.2.1　如何获取Enscape 2

接下来需要填写你的邮箱、名字、职业以及选择对应的设计软件平台，然后点击GET MY FREE TRIAL按钮，官方会给你的邮箱发送一封免费试用邮件。

Hi Ge,

Please click here to download your free 14 day trial:

Thanks for trying Enscape - have fun rendering and presenting your architecture projects!

Sincerely,
Enscape

图3.2.1　如何获取Enscape 3

打开并查看邮件内容，点击中间的Download Enscape按钮，就会跳转到Enscape程序的下载页面。

图3.2.1　如何获取Enscape 4

点击下载页面中间的Download Trial按钮就可以得到一个后缀名称是.msi的安装程序，下载完成后双击打开它，就可以把它安装到你的设计软件上了。

图3.2.1　如何获取Enscape 5

此外，如果你电脑上没有测试项目，把刚才的下载页面拉到下方，可以免费下载一个Enscape官方提供的测试项目案例，你可以根据自己使用的软件平台进行下载。比如Revit或SkethchUp版本，Project是模型文件，Standalone.exe是可执行文件，也就是VR漫游场景文件。

3.2.2　如何安装Enscape

1.双击下载好的安装程序文件（如果你电脑之前有安装过Enscape，请先把旧的版本卸载掉，不要打开SketchUp、Revit等软件）；

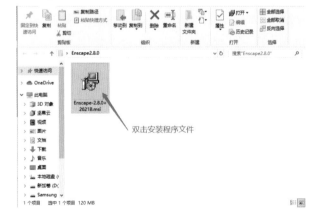

图3.2.2　如何安装Enscape 1

2.勾选同意许可协议选项，并点击Next进入下一步；

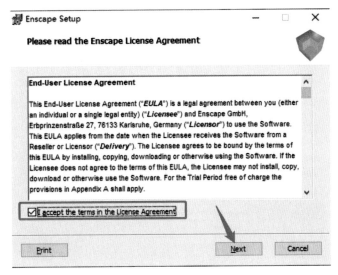

图3.2.2 如何安装Enscape 2

3.语言版本选择English（英文版），点击Advanced(高级)设置按钮；

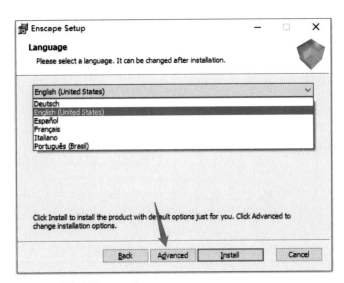

图3.2.2 如何安装Enscape 3

4.选择第二个选项，为该计算机的所有用户安装，并点击Next按钮；

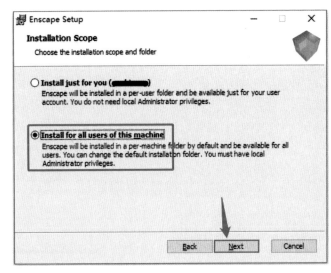

图3.2.2 如何安装Enscape 4

5.默认会安装到C盘目录下，为避免使用时报错，请不要更改安装目录及目录名称，直接点击Next按钮；

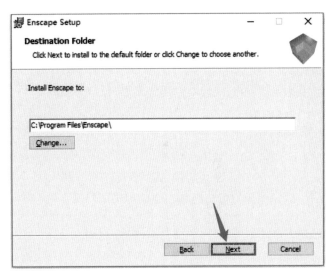

图3.2.2 如何安装Enscape 5

6.选择你要将Enscape安装到哪个软件平台上，仅保留你要使用的软件平台，其他的选项可以点击软件名称前面的黑色小三角，选择最下方的红叉选项就可以了，最后点击Install安装按钮；

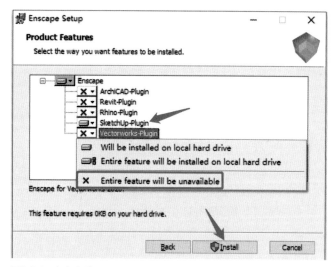

图3.2.2　如何安装Enscape 6

7.等待程序自动安装，直到出现安装完成界面，然后点Finish即可。

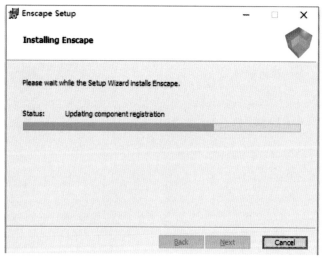

图3.2.2　如何安装Enscape 7

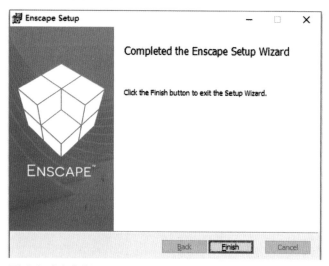

图3.2.2　如何安装Enscape 8

3.3　Enscape许可证购买

下面我们来介绍一下关于Enscpae许可证订阅与激活方法。Enscpae为所有用户提供了14天的免费试用版本，该版本不提供导出EXE独立可执行文件（也就是VR场景）、网页版独立可执行文件以及动画视频，且导出的效果图左下角会有"试用版"的水印，14天的试用期结束后你就无法再打开Enscape渲染窗口了。

图3.3　Enscape许可证购买 1

如果你想继续使用Enscpae就需要到其官网上订阅许可证，也就是购买正版软件的授权。点击Enscape工具栏上的"购物车"图标，就会跳转到许可证购买页面。

3.3　Enscape许可证购买 2

图3.3　Enscape许可证购买 3

第一种是14天的免费试用版，安装好程序默认就有的，不需要另外操作。此外，Enscape官方还提供了两种不同类型的付费订阅许可证。一种是浮动许可证，同一个许可证可以在多台电脑上使用Enscape，适合多人团队使用，费用是58美元/月（约合人民币406元/月），只能按年购买，一年的费用是699美元 (约合4893元人民币)（含税）。

图3.3　Enscape许可证购买　4

另一种是固定许可证，只能绑定在一台电脑上使用，费用是39美元/月（约合人民币273元/月），也是只能按年购买，一年的费用是469美元 (约合3283元人民币)（含税）。

图3.3　Enscape许可证购买　5

由于Enscape的软件开发商是国外的，所以只接受VISA（维萨）信用卡、MasterCard（万事达）信用卡或PayPal（贝宝，国际版支付宝）账户等国际通用的付款方式，目前国内的大部分银行可以申请国际信用卡，请自行解决。推荐大家使用PayPal。

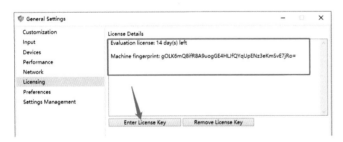

图3.3　Enscape许可证购买　6

付费后Enscape官方就会给你留下的电子邮箱发送许可证序列号，将序列号复制、粘贴到Enscape常规设置中的Licensing>License Details许可证信息框里，然后点击Enter License Key就可以体验到Enscape的所有功能了。

3.4　启动Enscape常见问题及解决方法

问题一：

点击Enscape启动按钮后，无法正常开启Enscape渲染窗口，并跳出错误对话框，提示你的图形显卡不支持，因为你正在使用的是Intel集成显卡，而Enscape只能支持独立显卡，这个问题大多发生在笔记本电脑上。

图3.4　显卡性能不支持

解决方法：

第一，如果你的笔记本电脑是办公上网本，一般只有集成显卡，没有独立显卡，那么你需要换一台带有独立显卡的电脑，除此之外，别无他法。第二，如果你的笔记本电脑是游戏本，一般的游戏本上既有集成显卡，又有独立显卡，那么你需要到显卡管理面板里设置一下，将SketchUp程序设置为使用独立显卡。具体步骤如下：

1. 在电脑桌面右下角的"折叠图标"中找到"NVIDIA设置"绿色"小眼睛"按钮并单击打开它，如果你用的是AMD显卡，那应该就是 "AMD Catalyst Control Center"，这边主要演示NVIDIA显卡的设置；

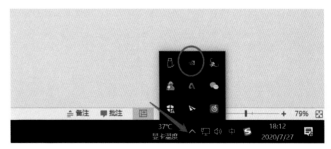

图3.4　NVIDIA控制面板　1

2．找到NVIDIA控制面板中的"管理3D设置"，将"全局设置"下面的"首选图形处理器"下拉选项改为"高性能NVIDIA处理器"；

图3.4　NVIDIA控制面板 2

3.点击"程序设置"，把第一个下拉选项中的自定义程序改为"Trimble SketchUp"，再把第二个下拉选项中的首选图形处理器改为"高性能NVIDIA处理器"，最后记得点击"应用"，重启SketchUp就可以了。

图3.4　NVIDIA控制面板 3

问题二：

启动Enscape时弹出下面两种对话框之一，说明你的显卡驱动程序版本过低，先关闭对话框，并更新你的显卡驱动程序后再使用Enscape。

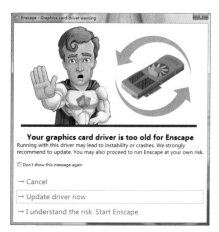

图3.4　显卡驱动过低 1

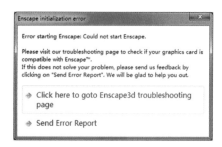

图3.4　显卡驱动过低 2

解决方法：

请到你所使用的显卡品牌（NVIDIA或AMD）官网下载安装对应显卡型号的最新驱动程序，或通过驱动大师、驱动精灵等第三方程序更新显卡驱动。

图3.4　英伟达驱动管理器 1

图3.4　英伟达驱动管理器 2

「＿ 第四章　Enscape工具栏介绍」

第四章 Enscape工具栏介绍

4.1 Enscape启动

安装完成后，打开SketchUp就能看到Enscape的工具栏了，一个是主工具栏，另一个是输出工具栏。在未启动Enscape渲染窗口前，输出工具栏上的按钮图标默认处于灰色不可编辑状态。

点击Enscape主工具栏上的第一个按钮图标，就可以启动Enscape渲染窗口了。如果你的Enscape是未激活的14天试用版本，就会弹出许可证激活提示的对话框，选择第一个选项"继续试用"即可。

等待进度条加载完成后就能看到Enscape的渲染窗口了。

需要注意的是，当点击SketchUp软件界面时，Enscape的渲染窗口就会被遮挡住。由于Enscape工具栏没有窗口置顶的功能按钮，所以建议大家安装一个RBC_Enscape工具插件，可以将Enscape的渲染窗口置顶于

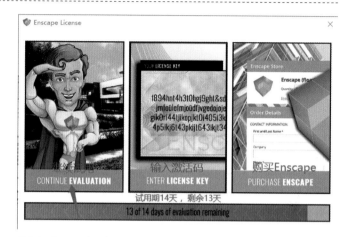

图4.1 Enscape试用窗口

SketchUp软件界面之上，便于随时观察渲染效果。

当然，还有一个更好的方法就是配备两台显示器，一台显示SketchUp软件界面，另一台显示Enscape渲染窗口界面，互不干扰，这也是Enscape官方推荐的解决方案。

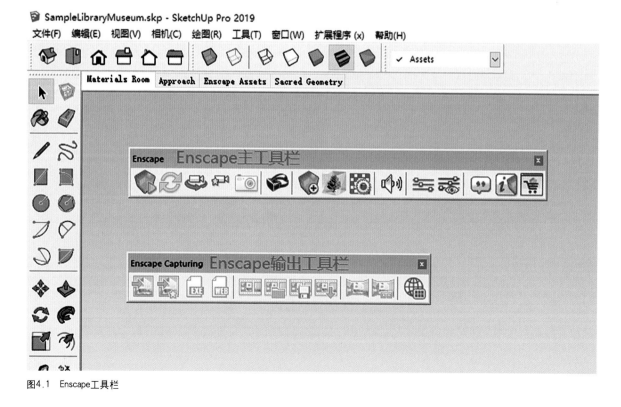

图4.1 Enscape工具栏

图4.1　Enscape渲染窗口

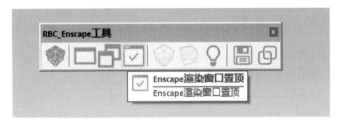

图4.1　窗口置顶插件

4.2　Enscape主工具栏

●启动Enscape：点击该按钮可开启Enscape渲染窗口界面。

●模型同步：开启后对SketchUp模型做的任何改动效果会实时在Enscape渲染窗口中同步显示。

●视图同步：开启后Enscape渲染窗口画面会与SketchUp窗口画面保持同步更新。

●视图管理：可以在视图管理面板中看到创建的所有SketchUp场景页面名称，点击场景页面名称可以将渲染窗口画面切换到该场景页面视图；点亮场景页面名称后面的黄色"锁链"图标，可选择将保存的预设视图设置参数与该场景页面进行链接绑定；点亮场景页面名称后面的黄色"五角星"，可将场景页面标记为收藏页面，便于批量出图。

●创建场景：点击该按钮可将Enscape渲染窗口当前显示画面添加为SketchUp场景页面。

●VR模式：如果你电脑有连接VR设备（VR头盔或VR眼镜），点击该按钮就可以在VR模式下体验"身临其境"的渲染效果了。

●Enscape物体：在Enscape物体面板中可以给场景添加如球形灯、聚光灯、矩形灯等类型的光源，还可以给场景添加背景音乐和代理模型。

●资源库：该选项为Enscape官方模型库，里面包含了各种不同类型（如饰品、家具、灯具、人物、动物、植物等）的代理模型，以提供给用户丰富场景细节使用。直接点击模型缩略图并将其放置到SketchUp场景页面中即可。

●材质编辑器：打开Enscape材质编辑器面板，可以调整场景中的材质参数，如漫反射、反射、折射、不透明度、凹凸、金属度等参数值。

●声音：点击可开启/关闭场景中的背景音乐效果，记得先在场景中添加一段背景音乐。

●常规设置：打开Enscape常规设置面板，可以调整自定义、输入、设备、性能、许可证等参数选项。

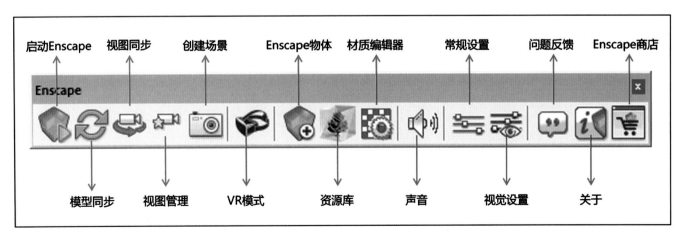

图4.2　Enscape主工具栏介绍

●视觉设置：打开Enscape视觉设置面板，可以调整渲染画面、图像、环境、输出等参数选项。

●问题反馈：你可以将使用过程中遇到的任何问题或建议反馈给Enscape官方。

●关于：点击该按钮可以查看Enscape版本信息。

●Enscape商店：点击后会跳转到Enscape许可证购买订阅页面。

4.3 Enscape输出工具栏

●屏幕截图：点击该选项可以导出单帧效果图。

●批量渲染：既可以在该面板中批量导出所有场景页面的单帧效果图，也可以选择性导出收藏页面的效果图。

●导出EXE独立文件：可以把Enscape渲染场景导出为一个后缀名为.exe的独立可执行程序文件（类似于VR漫游场景），以便分享给其他人，即使对方没有安装Enscape或SketchUp也可以照样打开该文件浏览项目的渲染场景，还可以连接VR设备查看。

●导出WEB独立文件：可以将渲染好的画面导出为网页版的VR漫游场景，这样你只需要将网页地址发给其他人，别人就可以通过浏览器查看你渲染好的场景了。

●视频编辑器：点击后在Enscape渲染窗口中会显示视频编辑器面板，你可以通过它制作关键帧动画。

●加载动画路径：可以载入之前保存的动画路径文件。

●保存动画路径：将当前渲染窗口中的动画路径保存到本地。

●渲染视频：对当前动画路径进行视频渲染输出，在渲染过程中按Esc键可以随时中断渲染。

●渲染全景图：输入360度全景效果图，但渲染好的图像不能直接保存到本地，需要到"管理上传"选项中查看、保存。

●渲染纸板全景图：输出可以在"纸壳版"VR眼镜中查看的3D立体全景图。

●管理上传：可以在该面板中预览、管理渲染好的360度全景图、3D立体全景图与WEB独立文件。

4.4 Enscape功能键帮助栏

●按W/A/S/D键可控制相机往前后左右方向移动。

●按E/Q键可控制相机的上升或下降，在"行走模式"下无法使用。

●按Shift/Ctrl键可以使相机移动的速度变快或更快。

●按Space键（空格键）可以切换飞行/行走模式，开启"视图同步"功能后该功能将失效。

●按M键可以显示或隐藏Enscape渲染窗口左上角的小地图。

●按K键可以在Enscape渲染窗口中打开视频编辑器面板。

●按B键可以在渲染窗口中查看模型BIM。

●按C键可以在渲染窗口中打开团队协作功能面板，可以对效果图进行标注说明。

●按H键可以显示/关闭功能键帮助栏。

●在Enscape渲染窗口中长按鼠标左键并拖拽鼠标可环绕观察视图，双击鼠标左键可将画面拉到点击的目标旁。

●在Enscape渲染窗口中同时按住Shift键与鼠标右键，向左或向右移动鼠标，可调整时间轴（也可长按U键或I键），渲染窗口右下角会显示出具体时间，并且环境光、太阳角度、云层、月亮、星辰等都会随着时间的推移而变化，仅在未使用HDRI贴图的情况下有效。

●在Enscape渲染窗口中长按鼠标右键并拖拽鼠标可环绕观察模型。

●在Enscape渲染窗口中按住鼠标中键并拖拽鼠标可平移视图，前后滚动滚轮可控制视图放大/缩小。

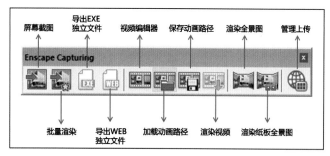

图4.3 Enscape输出工具栏介绍

图4.4 快捷键导航栏

「 第五章　Enscape照明系统」

第五章 Enscape照明系统

5.1 光源的类型

光源（Light Sources）是一个物理学名词，宇宙间的物体有的是发光的，有的是不发光的，我们把能自行发光且正在发光的物体叫作光源。根据光源形成的原因不同，常见的光源分为两种——自然光与人工光。

5.1.1 自然光

图5.1.1 自然光

"自然光"顾名思义就是通过自然界物质发出的光，比如太阳光、环境光或天光、月光、萤火虫光、水母光等，其中环境光和月光都是由太阳直射与反射的光，地球上的绝大部分绿色植物都需要靠太阳光进行光合作用才能生长，我们本书所讲的自然光主要指的是太阳光与环境光。自然光由七种颜色的光组成，分别是红、橙、黄、绿、蓝、靛、紫，但我们人类的视觉平常所感知到的自然光颜色大部分都是亮白色或暖黄色的。

自然光的特点是光照范围大、照度高、光线均匀，并且变化多端，受时间、季节、气候、地理条件和环境变化影响大，一天中在不同的时间和天气情况下，自然光变化的差异是相当大的，而且比人工光更难控制。

自然光与人工光会相互产生影响，此强彼弱，此弱彼强。比如白天的时候，在有自然光照射进来的室内空间中开启人工光，就会感觉到人工光的效果没有夜晚那么明亮。但如果是在夜晚，你就会感觉室内人工光特别亮，这

是因为夜晚的时候太阳下山了，室外的环境光非常弱，与室内明亮的人工光形成了鲜明的对比。

5.1.2 人工光

图5.1.2 人工光

人工光是指人类运用各种照明器材制造的光源统称，常见的比如钨丝灯、白炽灯、卤素灯、LED灯等光源类型，像筒灯、射灯、吸顶灯、灯带、路灯这些照明器材发出的光都属于人工光。人工光与自然光的不同之处是其照明强度、角度、高度、色温等都可以由人工进行调控，根据照明需求的不同，可以营造出各种不同的氛围感。

5.2 灯光照明常用专业术语

通过渲染软件，我们可以控制光源的各项参数来达到自己想要的环境氛围效果，这就要求大家要对灯光照明的一些专业名词术语及其意思先有所了解。

光通量（luminous flux）：光通量的单位通常用流明（lm）表示，指人眼所能感觉到的辐射功率，它等于单位时间内某一波段的辐射能量和该波段相对视见率的乘积。由于人眼对不同波长光的相对视见率不同，所以不同波长光的辐射功率相等时，其光通量并不相等。

光照度（illuminance）：光照度的单位是勒克斯

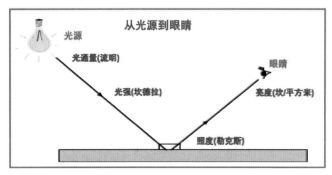

图5.2 灯光照明示意图

（lux），即通常所说的勒克司度，表示被摄主体表面单位面积上受到的光通量。1勒克斯相当于1流明/平方米（lm/m²），即被摄主体每平方米的面积上，受距离一米、发光强度为1烛光的光源，垂直照射的光通量。光照度是衡量拍摄环境的一个重要指标。

光强度（luminousintensity）：也叫发光强度或光强，单位是坎德拉（Candela），单位符号为cd，其他单位有烛光、支光。1cd即1000mcd，1坎德拉是指单色光源（频率540×10^{12}Hz）的光，在给定方向上（该方向上的辐射强度为1/683瓦特/球面度）的发光强度，可以用基尔霍夫积分定理计算。

光亮度（luminance）：又称发光率或亮度，单位用坎德拉/平方米(cd/m²)表示，光亮度是指一个表面的明亮程度，以L表示，即从一个表面反射出来的光通量，或者说是指在某方向上单位投影面积的面光源沿该方向的发光强度。不同物体对光有不同的反射系数或吸收系数。

色温（Color temperature）：表示光线中包含颜色成分的一个计量单位。从理论上说，黑体温度指绝对黑体从绝对零度（-273℃）开始加温后所呈现的颜色。黑体在受

热后，逐渐由黑变红，转黄，发白，最后发出蓝色光。当加热到一定的温度，黑体发出的光所含的光谱成分，就称为这一温度下的色温，计量单位为"K"（开尔文）。

5.3 常见人工光照明方式

做渲染特别是室内渲染，如果想要打出漂亮的灯光效果，首先要对室内空间中常见的灯光类型及其照明方式有所了解，不同类型灯光的照明方式也不一样。灯光依照不同的设计手法，可初步分为直接照明与间接照明，但在应用上又可细分成半直接照明、半间接照明、直接—间接照明以及漫射型照明。一个空间中可以运用不同照明方式来交错设计出自己需要的光线氛围。每一种照明方式的光线方向、光线分布的比例都是不同的，大家可以看下图中的介绍。

照明分类	直接-间接照明	漫射型（一般）照明	半间接照明	间接照明	半直接照明	直接照明
光线方向	发光体的光线一半向上、一半向下平均分布照射	发光体的光线向四周成360°的扩散漫射至需要光源的平面	发光体光线需经过其他介质，让大多数光线反射至需要光源的平面	发光体光线经过其他介质，让光反射至需要光源的平面	发光体未经过大多数光线直接照射至需要光源的平面	发光体的光线未透过其他介质，直接照射至需要光源的平面
上照光线	50%	40%-60%	60%-90%	90%以上	10%-40%	0%-10%
下照光线	50%	40%-60%	10%-40%	0%-10%	60%-90%	90%以上

图5.3 常见的照明方式

5.3.1 直接—间接照明

直接—间接照明装置，对地面和天棚提供近于相同的

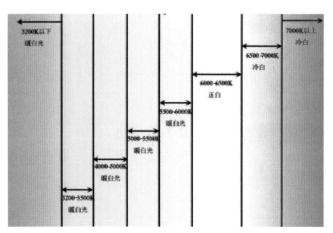

图5.2 色温

图5.3.1 直接—间接照明

照度，即均为50%，而周围光线只有很少一点，这样在直接眩光区的亮度就必然是低的。这是一种同时具有内部和外部反射灯泡的装置，如某些台灯和落地灯能产生直接—间接光和漫射光。

5.3.2 漫射照明

图5.3.2　漫射照明

漫射照明（也叫扩散照明）方式是利用灯具的折射功能来控制眩光，将光线向四周扩散、漫散。这种照明大体上有两种形式：一种是光线从灯罩上口射出，经平顶反射，两侧从半透明灯罩扩散，下部从格栅扩散；另一种是用半透明灯罩把光线全部封闭而产生漫射。这类照明光线性能柔和，视觉舒适，适于卧室。

5.3.3 半间接照明

半间接照明方式恰好与半直接照明相反，把半透明的

图5.3.3　半间接照明

灯罩装在光源下部，60%以上的光线射向平顶，形成间接光源，10%～40%的光线经灯罩向下扩散。这种方式能产生比较特殊的照明效果，使较低矮的房间有增高的感觉。

5.3.4 间接照明

图5.3.4　间接照明

间接照明是光由灯具发出后并不直接照射到物体上，而由墙面、天花板、反射板反射后再照射到物体的照明方式。常见的间接照明有：灯槽、柜子里暗藏的灯条、上出光的吊灯、上出光的壁灯等。

间接照明的原理是利用反射手法将灯光导出，因此不会有直接目视发光体的刺眼感，整体空间的亮度是借由材质表现反射或折射出来的，可以达到更舒适的效果。

但由于发光体被遮掩起来，光源无法百分之百地照进空间里，所以想要达到该空间基本的照度需求时，相较于直接照明设计，则需要花费更高电力去达成，产生耗电的缺点。

5.3.5 半直接照明

半直接照明方式是半透明材料制成的灯罩罩住光源上

图5.3.5　半直接照明

部，使60%～90%以上的光线集中射向工作面，10%～40%被罩光线又经半透明灯罩扩散而向上漫射，其光线比较柔和。这种灯具常用于较低的房间的一般照明。由于漫射光线能照亮平顶，使房间顶部高度增加，因而能产生较高的空间感。

5.3.6 直接照明

图5.3.6　直接照明

直接照明是指光由灯具发出直接到达被照物体（墙上的壁画、桌面、地面柜子上的装饰品等）的照明方式。基本上所有的嵌入式下照灯、轨道射灯、明装的条形灯具都属于这种照明方式。直接照明的优点是可将所有的光通量照射在空间里，运用最低的耗电的力达到该有的照度需求；缺点是光源直接照在空间容易产生眩光等不舒适的感觉，使家居环境无法达到疏解压力的放松效果。

5.4 Enscape灯光类型

在Enscape的物体对象面板中，总共有5种灯光类型：

图5.4　Enscape灯光类型

球形灯、聚光灯、线条灯、矩形灯、圆形灯。点击Enscape灯光图标，就可以将其添加到你的SketchUp模型场景中了。下面我们来讲一下每一种灯光的添加方法与应用场景。

5.4.1 球形灯

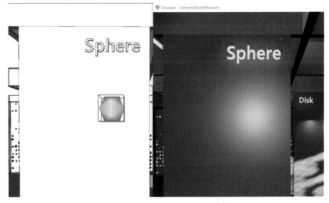

图5.4.1　球形灯光效果

添加方法：
- 通过二次点击确定，第一次点击确定位置，第二次确定高度。
- 使用比例缩放工具可以对其进行缩放。
- 使用移动工具可以移动光源位置。

图5.4.1　球形灯光编辑器

应用场景：

球形灯也叫作泛光灯，其发光体的光线会向四周360度扩散，漫射到物体表面，如太阳一样。球形灯在室内场景渲染中比较适合用于带灯罩的落地灯的效果表现。需要注意的是，如果灯罩有半透窗纱效果，不要直接将灯罩的材质设为半透明材质（不要勾选Transparency透明度），使用透明贴图替代效果会更好。

图5.4.1 落地灯 1

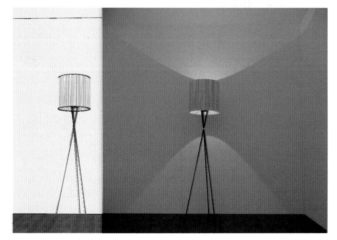

图5.4.1 落地灯 2

5.4.2 聚光灯

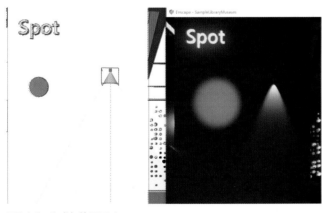

图5.4.2 聚光灯效果图 1

添加方法：

● 通过4次点击确定，前两次确定射灯的位置，后两次确定目标点。

● 通过光束边缘的控制红点来调整射灯的角度。

● 通过顶端的控制红点来调整灯光的位置。

● 通过底端的控制红点来调整灯光的照射方向。

● 可以从外部载入IES光域网文件。

图5.4.2 聚光灯编辑面板

　　IES光域网是一种关于光源亮度分布的三维表现形式，存储于后缀名为".ies"的文件当中。光域网是灯光的一种物理性质，确定光在空气中发散的方式，不同的灯，在空气中的发散方式是不一样的。勾选"Load IES Profile"选项即可加载IES光域网文件。

图5.4.2 光域网文件

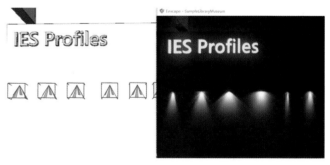

图5.4.2 聚光灯效果图 2

应用场景：

　　聚光灯借助于IES光域网文件，既可以起到空间照明作用，又可以营造出更加柔和的空间氛围，还可以对特定的墙面装饰品或陈设摆件进行点缀烘托。聚光灯比较适用于作为室内各空间天花吊灯上的嵌入式筒灯或轨道射灯的光源。

图5.4.2　聚光灯效果图 3

图5.4.3　线条灯光效果　2

5.4.3　线条灯

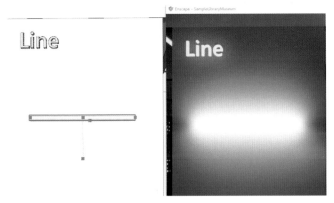

图5.4.3　线条灯光效果 1

5.4.4　矩形灯

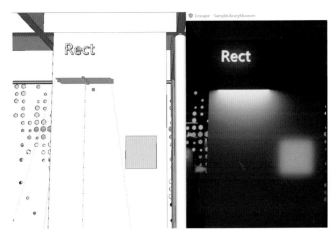

图5.4.4　矩形灯光效果　1

添加方法：

●通过二次点击确定，第一次确定位置，第二次确定高度。

●通过远端的两个控制红点调整灯光方向。

●通过灯光主体首尾的两个控制红点调整灯光长度。

●通过中间的控制红点调整灯光位置。

●通过4次点击确定，前两次确定矩形灯的位置，后两次确定目标点。

●通过顶端中心的控制红点来调整灯光的位置。

●通过顶端四周的控制红点来调整灯光的照射范围。

●通过顶端紫色控制点可旋转灯光。

●通过底端的控制红点来调整灯光的照射方向。

图5.4.3　线条灯光编辑面板

应用场景：

线条灯的发光源是一条圆柱状的物体，可以根据需求调整线条灯的长度。线条灯的光线可以向四周扩散呈一条直线，可以用于天花灯带效果的表现，但效果没有矩形灯好。

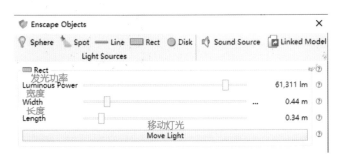

图5.4.4　矩形灯光编辑器面板

应用场景：

Enscape的矩形灯就如同V-Ray渲染器里的片光源，它的光束角度是180°，所以矩形灯的光线只能朝着一个方向发散，照射范围可以通过光源的宽度与长度来控制，亮度主要通过发光功率来控制。矩形灯一般适用于作为灯带、矩形吸顶灯的光源，也可以为某些特定场景进行补光。

图5.4.4 矩形灯光效果 2

5.4.5 圆形灯

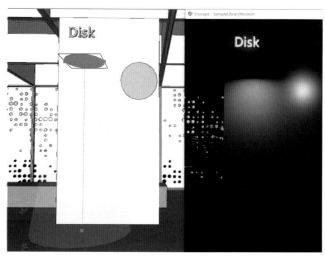

图5.4.5 圆形灯光效果 1

●通过4次点击确定，前两次确定矩形灯的位置，后两次确定目标点。

●通过顶端中心的控制红点来调整灯光的位置。

●通过顶端边缘两个控制红点调整灯光照射范围。

●通过底端的控制红点来调整灯光的照射方向。

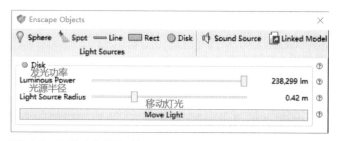

图5.4.5 圆形灯光编辑器面板

应用场景：

圆形灯也叫作"盘形灯"，因其光源呈一个圆盘形状，光线扩散的形状也是一个圆形。圆形灯的光束角度与矩形灯一样，也是180°。通过光源半径可以控制圆形灯照射范围的半径，通过发光功率可以调整其亮度。圆形灯一般适用于作为圆形吸顶灯的光源，也可以为某些特定场景进行补光。

图5.4.5 圆形灯光效果 2

5.5 室内渲染布光思路与技巧

评判一张室内效果图质量的高低，灯光效果所占的比例成分是相当大的。换言之，要想做出高质量的效果图，就要学会如何合理、巧妙地利用灯光去营造空间氛围。室内渲染布光对于新手来说是一门"学问"，为什么这样说呢？

在渲染器中，与灯光照明有关的参数设置选项比较多，比如太阳光、环境光、人工光、自动曝光、HDRI图像等。我想大家一定很想知道，这些参数选项是什么意思呢？它们在效果图上呈现出来的效果是什么样的？它们彼此之间有什么关系呢？这不是三言两语能够讲清楚的。伟大领袖毛主席曾说过："你要知道梨子的滋味，你就得变革梨子，亲口吃一吃。"因此，还得需要大家亲自去试了才知道，大家不要因为害怕调错参数就不敢去尝试，你不知道什么是错的，又怎么验证什么是对的呢？

上面讲的这些渲染参数之间都会相互产生影响，对于没有经验的新手来说，刚开始的时候确实很难把控它们之间的平衡，到底哪个该弱？哪个该强？带着这些问题，我们来讲一讲室内渲染布光的思路以及一些技巧。

5.5.1 布光思路

主次分明：一个室内空间不管有多大，在布光的时候都有主次之分。传统室内设计中，一般位于空间顶面中轴线上的那盏灯就是主光源了，其他的包括灯槽下方的筒灯、灯带都属于辅助光源，台灯、壁灯等可以作为点缀光源。主光源在室内空间中肯定是起主要照明作用，它的照明亮度一般要比辅助光源和点缀光源更亮一些。

图5.5.1 主次分明 1

但如今随着"无主灯"设计风格的兴起，主灯的概念正在逐渐被设计师淡化，我们很难去定义哪个是主光源，感觉都是主光源。在这种情况下，很多人可能忽略了另一种光源——自然光，也就是室外的天光。在白天的时候，其实室外的自然光（环境光、太阳光）就可以充当主光源，室内的人工光都成了辅助光源。当然，这需要设计师在空间采光设计方面有巧妙的构思，利用好室外的自然光。

图5.5.1 主次分明 2

明暗对比：想要凸显出效果图画面层次感与立体感，在光线的布置上就一定要有明暗对比。那么如何才能达到这种明暗对比的效果呢？首先，按照"有灯则亮，无灯则暗"的原则进行合理布光。其次，放置灯光的数量上要有节制，切勿抱着"不差钱"的想法去布光。特别是天花筒灯之间的距离不要太密，给阴影留出一定的空间，这样效果图看起来就会更加真实了。

图5.5.1 明暗对比 1

如果室内的人工光比较少，可以利用自然光来营造明暗对比的效果，自然光可以产生"渐变式"的软阴影。

冷暖对比：从心理学的角度来说，色调的冷暖会通过视觉神经对人的情绪产生影响。暖色调（如红、橙、黄色）会增加肾上腺素分泌和增进血液循环，容易令人产生兴奋、愉悦、温暖的感觉；而冷色调（蓝、绿、青、紫色）会降低脉搏、调整体内平衡，容易令人产生平静、忧郁、寒冷的感

图5.5.1　明暗对比 2

觉。如果把冷暖色调放到同一个画面上，就能传达给观察者强烈的视觉冲击力。

对于室内效果图来说，有两种办法体现冷暖对比的效果：第一是在方案的软硬装设计搭配上体现出冷暖对比的设计效果；第二是在后期渲染的时候，在灯光颜色与软硬

图5.5.1　冷暖对比 1

图5.5.1　冷暖对比 2

装颜色之间或者是在室内灯光与室外环境之间体现出冷暖对比的色调效果。但在冷暖色调的比例上要把控好，家是温馨的地方，一般画面最好以暖色调为主，以冷色调作为点缀。

5.5.2　Enscape打光技巧

布光顺序：布光的顺序主要根据表现场景的主题来决定，如果表现的是日景，一般来说都是先使用自然光（太阳光、环境光或HDRI贴图）让室内亮起来，然后再打人工光。与V-Ray渲染器不同的是，Enscape渲染器默认开启自然光，只要你启动渲染窗口，室外的阳光、环境光就会自

图5.5.2　布光顺序 1

动亮起来。

这时你可以在渲染窗口中调整时间轴（按U或I键）来控制阳光角度，如果觉得室内环境光太亮或太暗，可以通过视觉设置面板（Visual Settings）中的相机"自动曝光（Auto Exposure）"来调整亮度（建议取消勾选自动曝光，通过下方的滑杆来调整亮度）。

如果表现的是夜景，建议大家先打人工光，再调整环境光。记住，打人工光的时候先保持灯光默认亮度值，因为表现夜景室外的环境光是很暗的，当环境光变暗后，室内的人工光自然就会显得更亮，如果有需要后面可以再统一调整人工光的亮度。把所有该打的人工光（吊灯、灯带、台灯、落地灯等）打亮后，再把时间轴调到晚上的时段。

这个地方要特别注意，有时候我们在渲染窗口中明

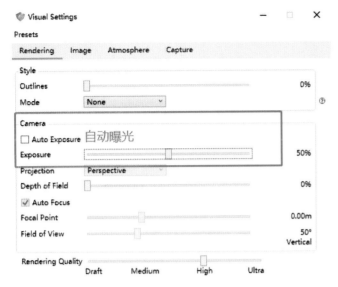

图5.5.2　布光顺序 2

图5.5.2　布光顺序 3

明已经将时间调整到了夜晚，但点击SketchUp场景页面标签后，渲染窗口中的环境光又回到了白天的状态，即使你更新了SketchUp场景页面也没用。这是这么回事呢？Enscape毕竟只是SketchUp的一款插件，它不能去改变SketchUp的某些功能，但通过改变SketchUp的参数却能控制Enscape。

　　大家可以打开位于SketchUp界面右侧的阴影面板，如果没有的话，到"窗口"菜单下的"默认面板"中去开启。阴影面板中也有一个时间和日期滑杆，它与Enscape的时间轴是关联的，通过调整阴影面板中的时间与日期就可以让Enscape渲染窗口中的时间同步更新，但调整Enscape时间轴不能改变阴影面板中的时间与日期。

　　问题就出在这里，如果你想解决这个问题，那就到SketchUp阴影面板中把时间调整到夜晚，然后再更新当前的场景页面标签，或者创建新的场景页面标签。你也可以先在Enscape渲染窗口中测试好想要的时间段的环境光效果，比如黄昏，再到SketchUp阴影面板中手动调整时间点，最后记得一定要更新SketchUp场景页面。

　　灯光氛围：灯光氛围主要是靠灯光的颜色和冷暖去营造，灯光的颜色决定了画面的冷暖色调，那么在Enscpae中我们怎么去改变灯光的颜色呢？

　　非常简单，由于Enscape的材质系统与SketchUp的材质系统是相通的，我们只需要打开SketchUp材质编辑面板，在材质类型中找到"颜色"，然后在列表中选择自己想要的色块填充到Encape光源组件上就可以了，适用于所有的Enscape灯光类型，Enscape灯光默认为白光。如果要进一步调整灯光颜色的饱和度、明度等参数，也可以在SketchUp材质面板的"编辑"选项里调整。

　　那么室外夜晚的环境光氛围又该如何去营造呢？这就需要用到环境背景图（也叫窗口透视图）了，环境背景图

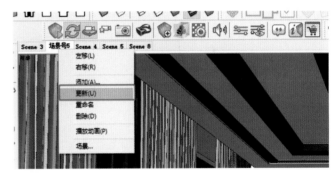

图5.5.2　布光顺序 4

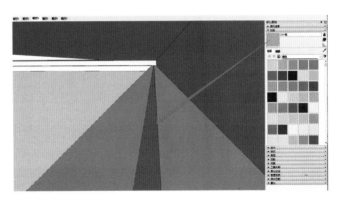

图5.5.2　灯光氛围 1

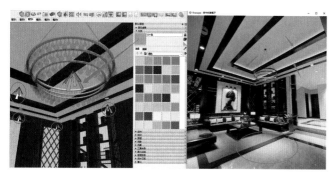

图5.5.2 灯光氛围 2

图5.5.2 灯光氛围 3

图5.5.2 灯光氛围 4

其实就是一张普通的JPG位图，我们可以用它作为窗景来使用，同时也可以将其设为自发光材质，对室内的灯光氛围产生一定的影响。

第一步，找一张夜景位图，图片的角度要与SketchUp的相机角度贴合，否则就会显得很假。夜晚的天空一般都是偏冷色调，所以最好找一张以紫色或蓝色为主色调的位图。

图5.5.2 灯光氛围 6

第二步，将其导入SketchUp中，放置到空间窗口的位置，既要保证与墙体之间有一定的距离，又要保证在相机视图所能看到的范围内。一般位图的尺寸要大于窗口的大小，可以使用比例缩放工具去调整。最后记得用鼠标右键单击位图，将其"炸开"或"分解"。

第三步，在Enscape材质编辑器中将位图设为自发光材质，发光强度默认是5000cd/m²，需要注意控制自发光的亮度，太亮就会过度曝光，显得不真实，根据具体情况去调整就可以了。

至此，夜景的环境背景图就设置好了，靠近窗口位置的顶面还会映射出微弱的蓝光，正好与室内暖色的灯光形成鲜明的冷暖对比的效果。

灯光管理：在进行布光的时候，往往会在场景中添加很多盏Enscape灯光，对这些灯光进行有效的管理可以帮助我们节约调整渲染参数时间，同时也能够让我们对不同类型的灯光亮度进行测试。这里为大家介绍两种灯光管理的方法：第一种，学会利用组件去管理相同类型的灯光。比如说天花上的筒灯，一般来说参数都是相同的，那么我们在添加Enscape聚光灯的时候就可以把聚光灯放到筒灯模型组件的内部，这样我们只需要调一盏聚光灯的参数，其他的会一起改变。

天花上的灯带也是一样，我一般都是用很多段矩形灯拼接到一起来作为灯带发光的光源，这样做的目的是为了能够达到更理想的发光效果。如果我们将这些矩形灯全部创建到一个组件内，就会方便对其进行统一编辑。

第二种，学会利用SketchUp图层去管理灯光。具体来说，就是在图层管理面板中创建不同类型名称的图层，比

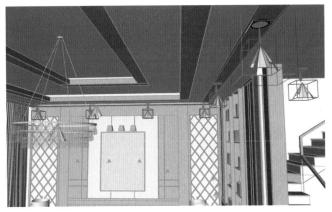

图5.5.2　灯光管理 1

图5.5.2　灯光管理 4

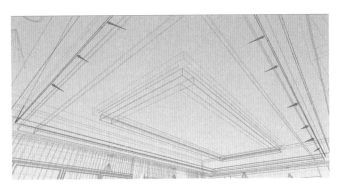

图5.5.2　灯光管理 2

图5.5.2　灯光氛围 5

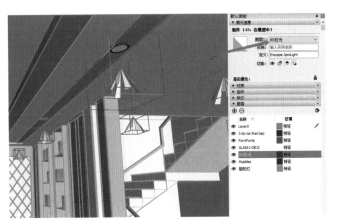

图5.5.2　灯光管理 3

如天花上的筒灯，我们创建一个"IES灯光"图层，然后把所有的Enscape聚光灯模型组件都放到该图层下。如果空间比较多，还可以按照空间名称规则去创建图层，比如"客餐厅IES灯光""客餐厅IES灯光"等，把不同空间中的Enscape灯光模型放到相应的图层里就可以了，矩形灯、球形灯也是一个道理。

　　这样也非常便于我们对不同类别的灯光效果进行单独测试，比如我们想要测试一下把所有灯带的发光效果关掉，仅保留筒灯会是什么样的效果，此时就可以将图层作为"灯光开关"来用。如果你提前将天花上的矩形灯都放到"矩形灯"图层里，那么关闭矩形灯图层前面的"眼睛"按钮，就可以看到效果了。

第六章　Enscape材质系统

第六章　Enscape材质系统

6.1　常见的材质属性

调整材质渲染参数是渲染流程中最重要的工作之一，材质效果是否真实直接关系到整张效果图的质量高低。在日常生活中，我们看到的每一种物体都具有不同的材质物理属性。不知道大家平时是否留意观察过生活中常见的物体都具有哪些材质物理属性呢？比如瓷砖、不锈钢餐具、玻璃杯、实木家具、皮沙发、窗帘、镜子、布料、水等。

所谓的材质渲染，就是用渲染软件模拟出材质真实

图6.1　常见的材质属性

效果的过程。生活中常见的物体大概可以归纳为以下几类材质属性：反射、折射、透明、粗糙度（光滑度）、凹凸度、金属、自发光等。在渲染器中，这些材质属性都是有一个参数值的，参数值的大小会直接影响材质的表现效果。想要渲染出真实的材质效果，最好的方法就是多去观察生活中的物体的材质属性。

6.2　Enscape材质编辑器

Enscape材质编辑器面板分为两块：左侧是当前场景中所有的材质列表，右侧是材质属性编辑栏。使用SketchUp材质面板中的"小吸管"——材质提取工具点击模型表面的材质，就可以在Enscape材质编辑器中调整材质参数了。

下面我们先来介绍一下Enscape材质编辑器中各项参数的含义，当然大家要完全理解这些参数的具体含义，还需要自己亲自去试一试，不能仅从字面意思去理解，这样就

图6.2　Enscape材质编辑器

是纸上谈兵了，俗话说：实践出真知。

Genreal（常规）、Albedo（反照率）、Bump（凹凸）是菜单名称，后两项是反照率和凹凸选项的进阶菜单，可以对反照率贴图与凹凸贴图进行更进一步的修改。我们先来介绍最常用的Genreal（常规）菜单中的选项。

Type（类型）：表示当前材质的类型，在后面的下拉选项中一共有6种材质类型可以选择，分别是：Default（默认）、Grass（草）、Water（水）、Foliage（树叶）、Clearcoat（清漆）、Carpet（地毯）。大家可根据当前调整的材质属性选择其材质类型，除了后面五种材质类型，调整其他材质时只需要保持默认材质类型即可。一般来说，当我们在提取模型表面的材质时，Enscape会自动识别该材质是什么类型，如果自动识别的结果不是你想要的材质类型，你可以在类型下列选框中手动更改。

Albedo（反照率）：反照率是指材质在太阳辐射的影响下，反射辐射通量与入射辐射通量的比值。类似于漫反射。

Texture（纹理贴图）：表示该材质在SketchUp中的漫反射纹理贴图，点击贴图名称，可以进入反照率菜单中进一步编辑贴图的属性。

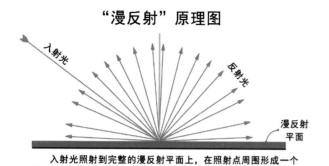

图6.2 "漫反射"原理图

图6.2 Enscape材质编辑器——着色效果对比

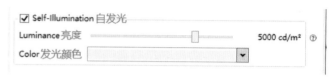

图6.2 Enscape材质编辑器——自发光

图6.2 Enscape材质编辑器——纹理贴图

图6.2 Enscape材质编辑器——自发光效果

Tint Color（着色）：可以理解为在当前的漫反射纹理贴图上叠加了一层颜色蒙版，能起到改变材质表面颜色的作用。

Image Fade（图像褪色）：它的作用是调整当前材质的纹理贴图透明度，当参数值越低时，材质的纹理贴图效果就会越淡，材质的底色越清晰。拉动滑杆后会出现一个Color(颜色)选项，后面选框中的颜色就表示当前材质的底色。

Self-Illumination（自发光）：勾选该选项，就能将当前选择的材质变成自发光光源，并且可以调整修改发光亮度（Luminance）与发光颜色（Color）。自发光材质一般适用于灯罩、灯泡、筒灯、灯带或表面需要发光的物体。

Transparency（透明度）：对于玻璃、半透明窗纱、透明塑料之类的透明或半透明物体非常实用，勾选透明度选项后，可以通过Opacity（不透明度）来调整材质的透明程度。如果想做出半透明窗纱的效果，需要在Texture选项中添加一张遮罩贴图。

Tint Color（着色）：在着色后面的下拉选框中可以选择各种颜色的色块，做出有色玻璃的效果。

Refractive Index（折射率）：材料的折射率越高，入射光发生折射的能力越强。玻璃的折射率为1.5。

☑ Transparency 透明度

Texture ✛ 透明贴图

Opacity 不透明度 ▬▬▬▬▬▬▬▬▬▬▬▬▬ 15.0%

Tint Color 着色 [_____ ▼]

Refractive Index 折射率 ▬▬▬▬▬▬▬▬▬▬▬ 1.50

☐ Frosted glass 磨砂玻璃

图6.2 Enscape材质编辑器——透明度

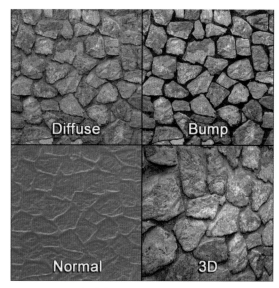

图6.2 Enscape材质编辑器——凹凸类型

图6.2 Enscape材质编辑器——着色

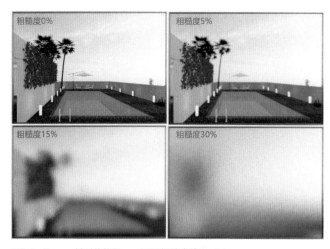

图6.2 Enscape材质编辑器——不同粗糙度效果对比

Frosted glass（磨砂玻璃）：勾选上可以做出毛玻璃效果（用处不大）。

Bump（凹凸）：利用凹凸贴图可以做出凹凸不平的材质效果。

Texture（凹凸贴图）：点击后面的"+"号可以添加一张自定义的纹理贴图作为凹凸纹理，如果在玻璃材质上添加一张纹理贴图，可以做出压花玻璃的效果。或点击Use Albedo选项，使用反照率贴图作为凹凸贴图。

Type（类型）：分为Bump map（凹凸贴图）与Normal map（法线贴图）两个选项。两者计算纹理凹凸效果的方法不一样，凹凸贴图影响三角面的法线相对光影方向的偏移量（越凹偏移量越大，计算出的颜色越暗，给人凹陷的感觉；反之偏移量越小，颜色越亮，给人凸起的感觉）；法线贴图是直接记录三角面的法线相对光影方向的

Bump 凹凸

Texture 1-001 (3).jpg 凹凸贴图 🗑

Type 类型 [Bump map 凹凸贴图 ▼]

Amount 数量 ▬▬▬▬▬▬▬▬▬▬▬ 1.00

图6.2 Enscape材质编辑器——凹凸

偏移量在x、y、z三个轴上的分量，建议选择Bump map。

Amount（数量）：可以控制贴图的凹凸程度，0为中间值，表示无凹凸；正数表示正向凹凸；负数表示反向凹凸。如果选择法线贴图，只有正向凹凸，没有反向凹凸效果。

Reflections（反射）：材质表面的反射属性。

Roughenss（粗糙度）：也叫光滑度。数值越低，表示材质表面越光滑，反射也就越清晰；数值越高，表示材质表面越粗糙，反射也就越模糊。

Texture（粗糙度贴图）：点击后面的"+"号可以添加一张自定义纹理贴图作为粗糙度贴图，或点击Use Albedo选项，使用反照率贴图作为粗糙度贴图。

Metallic（金属）：凡是含有金属成分的材质，比如金、银、铜、铁、钢、铝、金箔、不锈钢、镜面等，直接将数值调到100即可，非金属材质为0。

Specular（镜面反射）：镜面反射是指若反射面比较光滑，当平行入射的光线射到这个反射面时，仍会平行地向一个方向反射出来，这种反射就属于镜面反射。越是光滑的表面，反射越清晰。

下面是Albedo(反照率)进阶菜单中的参数选项，所有的更改仅会对反照率贴图产生影响。Bump（凹凸）进阶菜单与Albedo(反照率)进阶菜单中的参数选项是一样的，但仅对凹凸贴图产生影响。

File（贴图文件）：表示当前反照率贴图的文件，点击后面的文件夹图标可以替换贴图文件。

Brightness（亮度）：用于调节反照率贴图的亮度，参数值越低，贴图越暗，默认亮度为100%。

Inverted（反转）：勾选后贴图颜色会以反相的颜色显示。

Explicit texture transformation（显示纹理变换）：勾选后可以通过Width（宽度）与Height（高度）参数值按倍数放大或缩小反照率贴图的尺寸大小，修改后模型表面的贴图尺寸也会随之发生变化。

Rotation（旋转）：可以旋转贴图方向角度，仅会改变渲染窗口中的效果，对模型表面的贴图方向角度不产生影响。

草地类型材质编辑器设置

Color（颜色）：可以更改草的颜色。

Height（高度）：调整草的高度。

Height Variation（高度变化）：调整草的高度与尺寸。

图6.2 Enscape材质编辑器——镜面反射

图6.2 Enscape材质编辑器——反照率

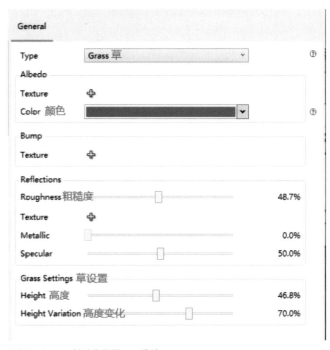

图6.2 Enscape材质编辑器——草地

水类型材质编辑器设置

Water Color（水的颜色）：可以更改水的颜色。

Intensity(风速)：参数值越高，水纹波动频率越高。

Direction Angle（风向）：控制风吹动水纹的方向角度。

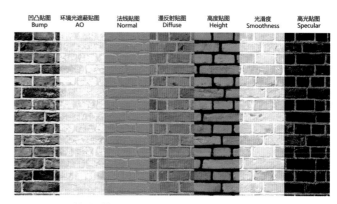

图6.3.1　PBR材质是什么 1

图6.2　Enscape材质编辑器——水

图6.3.1　PBR材质是什么 2

图6.2　Enscape材质编辑器——焦散现象

Height（波浪高度）：控制波浪起伏的高度。

Scale（波浪比例）：控制波浪的尺寸大小。

Caustics Intensity（焦散强度）：控制水纹焦散的强度。焦散是指当光线穿过一个透明物体时，由于对象表面的不平整，使得光线折射并没有平行发生，出现漫折射，投影表面出现光子分散。玻璃、水晶、钻石等一类物体也会产生焦散现象。

6.3　PBR材质的应用

6.3.1　PBR材质是什么

PBR（Physically-Based Rendering基于物理的渲染）材质是一种基于真实材质与真实光照物理属性的超写实风格材质，它可以让模型渲染效果非常真实。PBR材质制作技术最先是为了满足3D游戏、电影特效需求而兴起

的，后来逐渐被应用到建筑、室内渲染表现行业。简单来说，PBR材质的应用原理就是将基础颜色、漫反射、反射、高光、金属度、粗糙度、高度、法线、半透明、环境光遮蔽等多个不同通道的材质贴图叠加到一起，从而模拟出最真实的材质效果。

6.3.2　如何获取PBR材质

第一种方法，去网上下载一款叫作Quixel Mixer（混合器）的三维材质纹理合成软件，你可以从软件自带的在线材质库里面免费下载PBR材质，并支持导出各种常用的通道贴图。这款软件的最大好处是你可以免费下载到超高清分辨率（从1K～8K分辨率都有）的PBR材质，并且支持对PBR材质进行二次编辑后再导出。缺点是该软件是全英文界面，对于英文不怎么好的用户来说学习起来需要费点时间。第二个缺点是由于该软件的服务器在国外，因此访问及下载材质的速度会非常慢。

第二种方法是到国内的3D模型素材网站去下载，为了让大家少走弯路，这里推荐两个本人常用的模型素材下载

图6.3.2 如何获取PBR材质

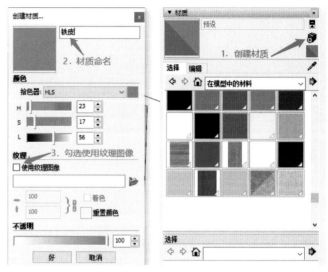

图6.3.3 如何使用PBR材质 2

网站，紫天SketchUp中文网和草图联盟，你可能需要花点下载费用，毕竟收集整理素材也是需要成本的。还有一种方法就是去网上购买PBR材质贴图，购买前务必问清楚，要jpg、jpeg或png位图格式的，不要sbsar格式，否则无法直接在Enscape里使用。

6.3.3 如何使用PBR材质

PBR材质一般是由多个材质通道的贴图组成，每张贴图的文件名里都会有它们的通道名称，比如Diffuse（漫反射）、Roughness（粗糙度）、Normal（法线贴图）、AO（环境光遮蔽）等。在Enscape的材质编辑器里面同样有对应名称的贴图通道选项，还记得Enscape材质编辑器里的Texture（贴图）选项吗？只要把对应的PBR通道图添加到Texture选项里面就可以了。具体操作步骤如下：

1.在SketchUp材质面板中点击"创建材质"。

2.在材质名称选框中给材质取个名称。

3.勾选"纹理"选项中的"使用纹理图像"，并添加

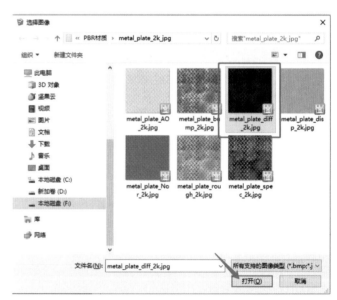

图6.3.3 如何使用PBR材质 3

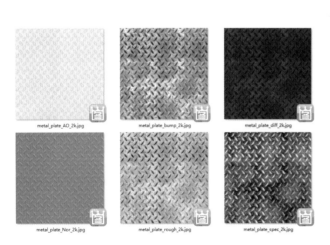

图6.3.3 如何使用PBR材质 1

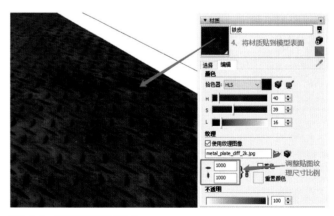

图6.3.3 如何使用PBR材质 4

一张Albedo（或Diffuse）通道贴图，点击"好"。这里要特别说明一下，PBR材质中的Diffuse(漫反射) 贴图跟Albedo（反照率）贴图的作用是一样的，它们都是用来模拟材质的基础纹理，所以两者在Enscape里面可以通用。

4.将添加好的材质应用到模型表面。如果贴图纹理尺寸比例太大或太小，可以在纹理长宽分辨率选框中修改。

5.打开Enscape材质编辑器，添加Normal通道贴图与Roughness通道贴图。其他选项的参数按照图6.3.3设置。

6.最终渲染出来的铁皮效果，是不是很真实呢。

既然说到PBR材质，那就顺便给大家多讲一下相关的知识。PBR材质通道贴图在V-Ray渲染表现里用得比较多，效果也很不错。相较于V-Ray，Enscape的材质贴图通道选项没有那么丰富，比如Displacement（置换）与AO（环境光遮蔽）这两个常用的通道是Enscape里面没有的，所以Enscape的效果图跟V-Ray效果图比起来，在阴影细节与凹凸细节的效果表现方面还是要差很多。

置换贴图的作用跟凹凸贴图、法线贴图类似，都是用来模拟物体表面凹凸不平的细节效果，但这三者之间的计算方法各不相同。凹凸贴图用单一的方式来改变法线，使原本的法线与摄像机的夹角发生变化。而法线贴图则利用三种通道完全重新描述模拟的法线信息。在表现上，凹凸

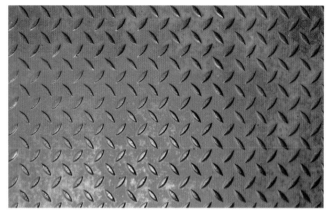
图6.3.3　如何使用PBR材质 6

贴图可以表现出有限的凹凸感，而法线贴图在这个基础上还可以表现出准确的光线反射。而置换贴图并不是利用法线来模拟，置换贴图是在原物体表面直接根据贴图信息改变模型的形状，从而实现了更真实的凹凸效果。不但有正常的光线反射，还能生成正确的阴影和轮廓。

环境光遮蔽英文全称叫作"Ambient Occlusion"，简称"AO"。AO是来描绘物体和物体相交或靠近的时候遮挡周围漫反射光线的效果，可以解决或改善漏光、飘和阴影不实等问题，解决或改善场景中缝隙、褶皱与墙角、角线以及细小物体等表现不清晰问题，综合改善细节尤其是暗部阴影，增强空间的层次感、真实感，同时加强和改善画面明暗对比，增强画面的艺术性。

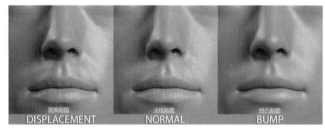
图6.3.3　使用不同类型凹凸贴图效果对比

图6.3.3　如何使用PBR材质 5

图6.3.3　环境光遮蔽开关效果对比

环境光遮蔽是一种非常复杂的光照技术，通过计算光线在物体上的折射和吸收，在受影响的位置上渲染出适当的阴影，添加渲染深度，从而进一步丰富标准光照渲染器的效果。光遮蔽并不是真实的现象，而是3D应用程序用来进行光线追踪、创建阴影错觉的一种光照技术。

6.4 常见的材质参数调整

在本节的内容中，我们一起来学习如何做出日常生活中常见材质的效果。学习是件有趣的事情，这里给各位读者朋友分享一下我的个人学习心得。本书中讲的这些渲染数值只是一个相对的参考值，如果大家按照相同的参数值调做出来的材质效果跟我在书上做出来的材质效果有一定的偏差，这也许是模型场景光线、环境不同或其他原因造成的影响，大家不必纠结。学习知识最关键是要活学活用，懂得灵活变通，参数是"死"的，但人是"活"的，千万不要被某个参数困住了求知步伐，只有多去实践、大胆尝试才能够证得真理。

6.4.1 玻璃

玻璃在我们的日常生活中是一种常见的材质，普通的玻璃材质具有透明、反光、折射、光滑的特点，有的特殊玻璃还带有颜色、纹理、图案，那么在Enscape中如何来实现这些不同类型的玻璃效果呢？

●普通透明玻璃

我们就以灯光材质展厅案例中的玻璃茶几为例，普通的玻璃都是纯透明的，因此在SketchUp里面不需要有贴图纹理，只要有颜色即可，无色的透明玻璃建议使用浅灰

图6.4.1 常见的玻璃类型

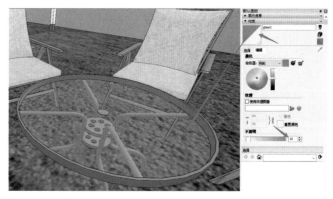

图6.4.1 普通玻璃

图6.4.1 普通透明玻璃效果

色，并将"不透明"值调低一点，调到10即可。接下来打开Enscape材质编辑器面板与渲染窗口，并选择当前需要编辑的玻璃材质。

反照率选项中的颜色跟刚才填充的颜色是一样的。将透明度选项勾上，这个地方的不透明度跟SketchUp材质面板里的不透明选项也是同步更新的。关于不透明度的数值要看具体的玻璃类型及厚度，不是所有的玻璃不透明度都是10%，一般来说玻璃越薄，不透明度越低，大家可以根据实际情况调整。但不建议调整为0%，因为这样在SketchUp中就看不见模型表面的颜色了，感觉桌面跟空的一样。着色选项后面的颜色默认是白色，渲染出来的玻璃效果就是无色透明的。如果想要做出有色玻璃的效果，把着色选项里的颜色改成其他彩色的颜色就可以了。折射率保持默认的1.5，粗糙度（光滑度）调到0%，镜面反射调到80%。

●有色透明玻璃

如果是有色玻璃，只需要将着色选框中的白色改成其他颜色就可以了，其他的参数选项与前面的保持一致。

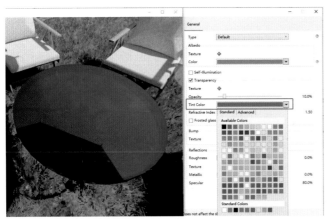

图6.4.1 有色透明玻璃效果

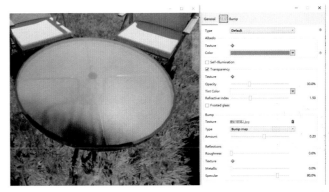

图6.4.1 磨砂玻璃效果

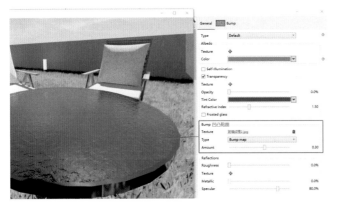

图6.4.1 压花玻璃效果

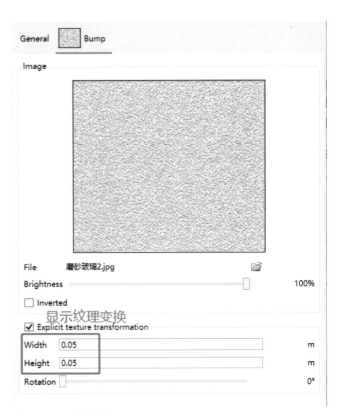

图6.4.1 显示纹理变换

●压花玻璃

日常生活中，我们时常见到带纹理的玻璃，这种玻璃叫作压花玻璃或花纹玻璃。那么这种特殊的玻璃效果又是如何做出来的呢？只需要在凹凸贴图选项中添加一张带玻璃纹理的图片就可以了（凹凸贴图到课件贴图文件夹里找）。要特别注意，凹凸的数量不宜太大，建议在0.1~0.5之间。

●磨砂玻璃

还有一种清晰度比较低、效果朦朦胧胧的玻璃，一般叫作磨砂玻璃或毛玻璃。一般卫生间淋浴房用得最多。

另外，凹凸贴图纹理尺寸的大小也要合适，如果太大，渲染效果看起来就不真实。可以在Enscape材质编辑器最顶端的Bump进阶菜单中修改凹凸贴图纹理尺寸，勾选显示纹理变换选项，并将贴图宽度与长度尺寸比例改小即可。

●印花玻璃

什么是印花玻璃？相信大家都见到过年或是结婚时，玻璃门窗上贴的那种大红色的福字或囍字窗花吧，下面我们就来讲讲印花玻璃效果的做法：

1.首先准备一张透明背景png格式的印花图案，如果你不确定印花图案背景是否为透明的，用Photoshop打开检查确认一下，一般来说，图片背景是灰白相间马赛克图案就对了。如果是其他颜色的，可以借助PS中的魔棒或套索工具把多余的部分单独选出来进行删除。

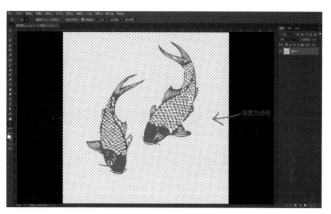

图6.4.1　印花玻璃 1

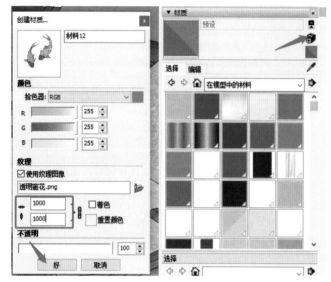

图6.4.1　印花玻璃 2

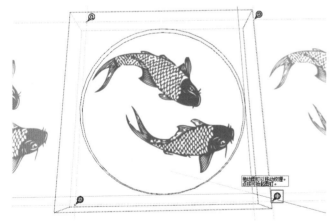

图6.4.1　印花玻璃 3

2.在SketchUp材质编辑器中创建一个新的材质，勾选"使用纹理图像"并在弹出的对话框中打开你的印花图

图6.4.1　印花玻璃 4

案。如果分辨率尺寸不合适，可以在材质面板下方修改，点击"好"。

3.将创建好的印花图案材质贴到SketchUp玻璃模型表面（玻璃一般都是有厚度的，这里我们只需要贴一面就可以了），移动图案到茶几玻璃居中的位置。千万注意不要将印花图案贴到组件上去，这样无法调整纹理的位置。

4.打开Enscape材质编辑器，可以看到印花图案已经被添加到反照率与透明度的贴图选项中。将粗糙度设为0%，镜面反射设为80%，印花玻璃的效果就做出来了。

6.4.2　陶瓷

陶瓷分为很多种类型，比如亮光的、亚光的，还有那种没有上釉的土坯陶，带有颗粒感，质感比较粗糙。根据类型不同，材质所表现出来的效果也不一样。

我们在室内设计中比较常见的应该是亚光与亮光质感的陶瓷，比如餐具、陶瓷工艺品摆件、瓷砖等。要做出这两种效果并不难，只要控制好粗糙度参数值就可以了。表面越光滑的材质，在Enscape中的粗糙度越低；表面越粗糙的材质，粗糙度越高。

亮光陶瓷的粗糙度在0%～10%之间，镜面反射在70%左右；亚光陶瓷的粗糙度在30%～40%之间，镜面反射在50%左右；土坯陶的粗糙度在50%以上，镜面反射在30%左右，

图6.4.2　陶瓷 1

图6.4.2　陶瓷 2

图6.4.3　木纹 1

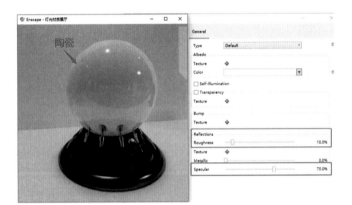

图6.4.2　陶瓷 3

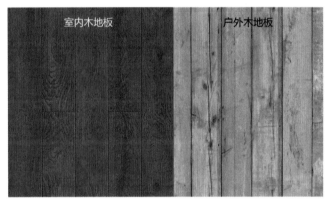

图6.4.3　木纹 2

表面的颗粒感可以添加一张类似于磨砂玻璃的凹凸（法线）贴图来表现效果，需要注意控制好凹凸贴图的凹凸数量与纹理尺寸大小。

6.4.3　木纹

　　木纹在室内设计中的应用还是挺多的，比如实木家具、木地板、木门、木踢脚线等物品的材质都是木纹。木纹跟陶瓷一样，既有亮光质感的，也有亚光质感的，还有表面比较粗糙的木纹。

　　我们以用于室内的木地板为例。首先木地板肯定是有反照率贴图的，其次还要表现出木地板的反射与纹理凹凸效果。可以点击Use Albedo（使用反照率）贴图作为Bump（凹凸）贴图，凹凸类型选择Bump map，凹凸值调整为2，粗糙度调到30%左右，如果感觉反射效果不够明显，可以再往低调。如果是户外木地板，就没有那么光滑

图6.4.3　木纹 3

了，大家平时要多去观察身边物体的材质效果。

6.4.4　布料

　　布料是室内装饰中常用的材料之一，比如窗帘、布艺沙发、墙布、桌布、床上用品、地毯等这些物品都会用到

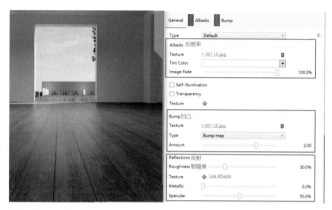

图6.4.3 木纹 4

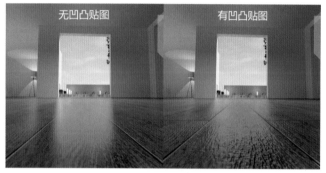

图6.4.3 木纹 5

图6.4.4 布料 1

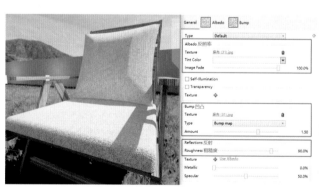

图6.4.4 布料 2

布料。布料的种类也特别多，棉布、麻布、化纤、丝绸、呢绒、毛绒等。一般棉、麻、绒类的布料质感比较粗糙，反射率较低；化纤、丝绸类的质感比较光滑，反射率高。

将反照率贴图作为凹凸贴图使用，可以表现出麻布的颗粒质感，同样注意控制凹凸的数量，不宜过大，一般在0.5～2的范围内。麻布的反射率较低，粗糙度保持默认的90%即可。

6.4.5　窗纱

窗纱是一种以化纤为原料的半透明薄布，一般跟窗帘布配套。窗纱具有采光柔和、透气通风的特性，大部分的

图6.4.5 窗纱 1

图6.4.5 窗纱 2

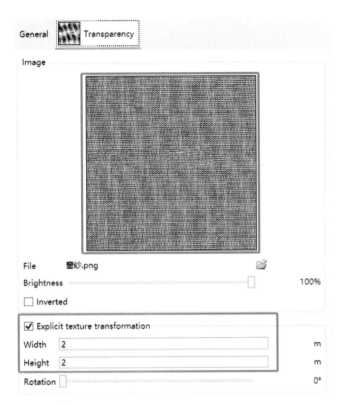

图6.4.5 窗纱 3

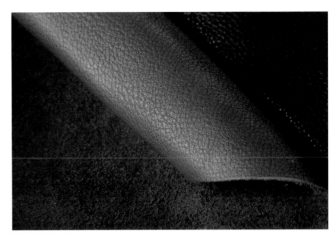

图6.4.6 皮革 1

图6.4.6 皮革 2

窗纱是白色的。其半透明的特性能给人一种若隐若现的朦胧感，能给空间增添柔和、温馨、浪漫的氛围。

那么在Enscape中如何做出这种半透明朦胧的感觉呢？首先将窗帘的底色设为白色，然后勾选透明度选项，并在贴图选项中添加一张窗纱的透明贴图，主要是为了表现出窗纱纹理的效果。不透明度可以设高一点，70%左右，把折射率改为1，其他参数选项保持默认即可。在有阳光直射的情况下，窗纱的效果会非常明显。

此外，你还可以根据实际情况调整透明贴图的纹理长、宽尺寸大小。尺寸越大，窗纱的空洞也越大。

6.4.6 皮革

皮革也是一种家居中常见的材质，比如沙发、软包墙造型、服饰鞋包都可以用到皮革。皮革有带纹理的，也有不带纹理的。下面我们来讲一下带纹理的皮革怎么做。

如果没有皮革反照率贴图，就在凹凸选项中添加一张皮革纹理贴图，注意控制好纹理的凹凸数量与尺寸大小；如果有皮革反照率贴图，可以直接将其设为凹凸贴图使用，效果也是一样的。将粗糙度调到30%左右，其他选项保

持默认。

6.4.7 墙漆

墙漆应该是在室内装饰中应用占比最大的一种材质了，我们一般都叫作乳胶漆。乳胶漆的原漆一般都是白色

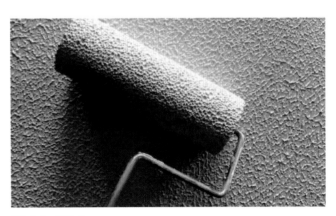

图6.4.7 墙漆 1

图6.4.7 墙漆 2

图6.4.8 车漆 2

的，但可以跟其他的色漆混合，调出多种不同色彩的乳胶漆，就跟绘画使用的颜料一样。由于粉刷的工艺不同，最终呈现出来的效果也不同，有非常平整光滑的，也有带凹凸纹理的。

乳胶漆带有一定的反射，如果是不带纹理的墙漆，可以将粗糙度调到70%左右；如果是带纹理的，另外需要在凹凸选项中添加一张乳胶漆的纹理贴图，注意控制好凹凸数值与纹理贴图尺寸大小。带纹理的墙漆可以把粗糙度适当调低一点。

6.4.8 车漆

车漆分为两种：普通车漆与金属车漆。普通车漆也叫素色漆，颜色都是单色，表面没有闪烁的颗粒，因此镜面反射比较高；金属车漆里面加入了铝粉，看起来表面会有闪烁颗粒，在强光下颗粒感会更加明显，镜面反射比普通车漆要低一些。

我们来看在Enscape里面如何做出这两种车漆的效果。普通车漆可选择任意一种颜色作为基础颜色，将粗糙度调到5%左右，镜面反射调到70%，使车漆表面能够清晰地反

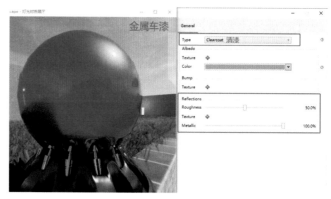

图6.4.8 车漆 3

射出周围的环境。

金属车漆需要将材质类型改为Clearcoat(清漆)，此时金属度会默认被改成100%，只需要将粗糙度手动调成50%左右即可。放大仔细观察车漆表面，隐约能够看到闪烁颗粒的质感。

6.4.9 不锈钢

不锈钢属于金属的一种类型，我们日常生活中常见的不锈钢质感主要分为三种：磨砂、镜面、拉丝。

磨砂不锈钢表面比较模糊，只能隐约地反射出一些周围的环境，粗糙度建议设为30%～40%。不锈钢的反照率颜

图6.4.8 车漆 1

图6.4.9 不锈钢 1

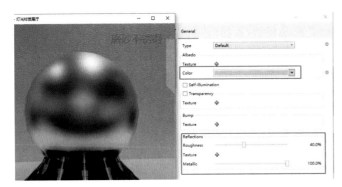

图6.4.9　不锈钢 2

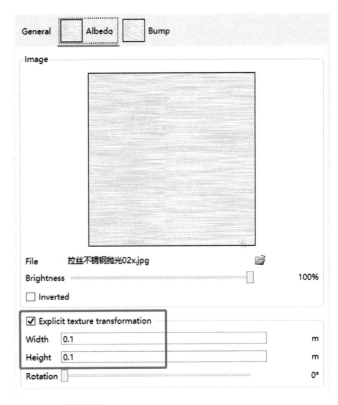

图6.4.9　不锈钢 5

图6.4.9　不锈钢 3

图6.4.9　不锈钢 4

色一般使用浅灰色。由于不锈钢属于金属，因此需要将最下方的金属度调到100%（凡是金属属性的材质，比如钢、铁、铜、铝、金箔等金属度都可以调到100%）。

镜面不锈钢表面反射比较强烈，粗糙度一般在10%以下。另外，在Enscape中，镜子的渲染参数与镜面不锈钢的渲染参数差不多是一样的。

拉丝不锈钢可以使用专用的材质贴图来表现其特殊的质感效果，可以将反照率贴图作为凹凸贴图使用，需要注意控制好凹凸数值与贴图纹理尺寸。

「_ 第七章　常规设置面板」

第七章　常规设置面板

7.1　自定义

Customization（自定义）面板主要是针对Enscape渲染窗口启动时的背景图片、出图水印、EXE文件Windows图标、渲染窗口标题栏选项的修改功能。但想要体验此功能需要购买有效的许可证。

图7.1　自定义

7.2　输入

Input（输入）面板主要是针对在Enscape渲染窗口中使用鼠标旋转视图的速度、使用键盘移动速度以及控制鼠标拖动视图的旋转方向等功能进行设置。可以根据个人的使用习惯进行修改。

图7.2　输入

7.3　设备

Devices（设备）面板主要是针对在VR虚拟现实设备上观看渲染视图的功能设置。鱼眼半宽和鱼眼全宽指定每只眼睛能看到多少原始图像。

图7.3　设备

7.4　性能

Performance（性能）选项是针对用户显卡性能做出的优化设置。

Auto Resolution（自动调整分辨率）：Enscape会根据你的显卡性能自动调整实时渲染时的分辨率与帧速率，但不会对出图分辨率产生影响。

Grass Rendering（渲染草）：开启后将对场景中的Grass(草)类型的材质或使用Grass材质关键词名称进行计算。

RTX Raytracing（RTX光线追踪）：如果你使用的是NVIDIA RTX系列的显卡，勾选该选项后可以启动显卡硬件加速光线追踪功能（可以让渲染画面的光影部分看起来更真实）。更改仅在重启Enscape后生效。

图7.4 性能

7.5 网络

Proxy（代理）设置选项跟代理服务器相关，一般情况下保持默认设置就好。当你进行Enscape许可证验证、访问Enscape资产库、上传VR漫游场景、上传全景图时，软件会自动检测你的网络是否能够连接Enscape代理服务器。如果无法正常连接，你需要对防火墙进行设置后才能正常使用上述功能。详情请访问https://enscape3d.com/community/blog/knowledgebase/proxy_firewall/

图7.5 网络

7.6 许可证

显示你当前许可证的详情。如果你购买了Enscape许可证，可以点击"输入许可证"选项，激活官方给你的许可证密钥。

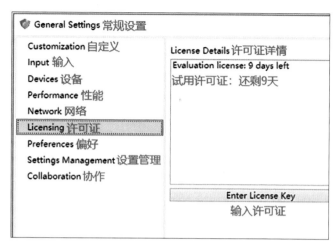

图7.6 许可证 1

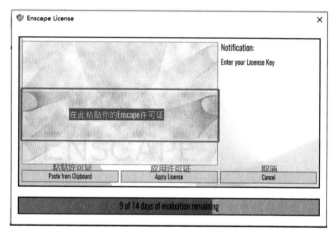

图7.6 许可证 2

7.7 偏好

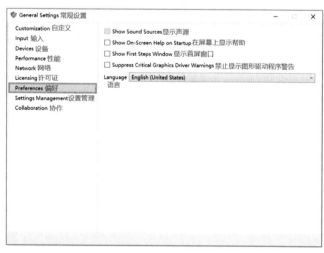

图7.7 偏好 1

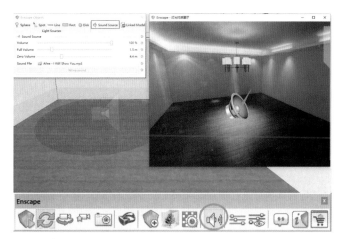

图7.7　偏好 2

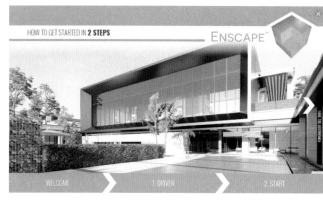

图7.7　偏好 4

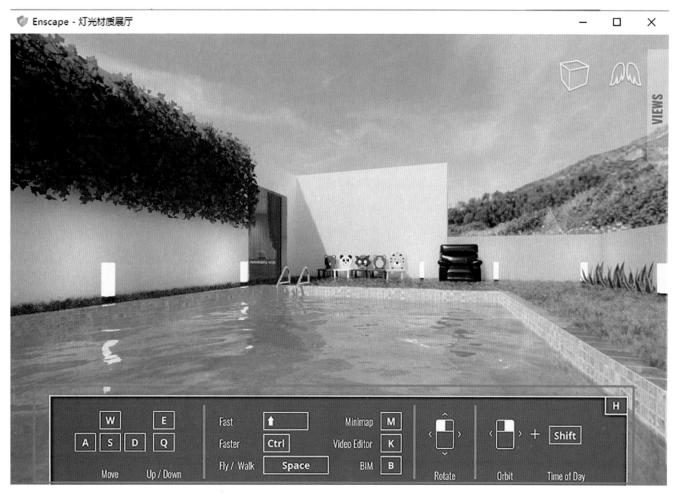

图7.7　偏好 3

Show Sound Sources（显示声源）：如果你在场景中添加了背景音乐，开启该选项后会在渲染窗口中显示一个喇叭图标，表示声源的位置。并且在声源范围内能够听到背景音乐。你也可以通过Enscape主工具栏上"小喇叭"按钮控制声源的开启或关闭。

Show On-screen Help on Startup（在屏幕上显示帮助）：取消勾选后，Enscape在每次启动时将不显示帮助导航栏。

图7.8 设置管理 1

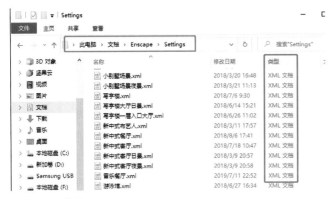

图7.8 设置管理2

Show First Steps Window（显示首屏窗口）：取消勾选后，在启动SketchUp时将不会显示"第一步"窗口。

Suppress Critical Graphics Driver Warnings（禁止显示图形驱动程序警告）：勾选后，Enscape将禁止显示重要的显卡驱动程序警告。

Language（语言）：可以通过该选项选择Enscape语

言版本，重启后生效。目前还不支持中文版。

7.8 设置管理

你可以通过设置管理选项导入Enscape 2.5版本以前保存在电脑上的Enscape预设渲染参数文件（Enscape预设渲染参数主要是指视觉设置面板中的各参数选项）。

Enscape预设渲染参数文件默认保存在电脑的C盘>文档>Enscape>Settings文件夹目录下，Enscape 2.5以前版本的预设渲染参数文件后缀为.xml，从2.6版本开始，预设渲染参数文件后缀名变成了.json。

7.9 协作

这是一个与BIM协作注释有关的功能选项，在用户名称中输入你的BIM跟踪账户名称，便于追溯注释来源。如果你不使用BIM协作功能，可以忽略。

图7.9.协作

「_ 第八章　视觉设置面板」

第八章　视觉设置面板

视觉设置包含在调整渲染图像或视频时常用的参数设置，比如曝光、对焦、景深、图像分辨率等设置。

8.1　预设设置

图8.1　预设管理选项 1

Presets（预设）选项位于视觉设置面板的左上角，主要用来加载、保存、重置和管理视觉设置面板中的参数设置。

图8.1　预设管理选项 2

Load Preset（加载预设）：将鼠标悬停在加载预设菜单上，会有两种加载预设的方式供你选择。从项目加载（默认）是指可以从保存到当前项目中的预设中加载预设参数，以便找回之前的渲染效果；从文件加载是指可以从保存到本地的.json文件中加载预设参数。

图8.1　预设管理选项 3

Save Preset（保存预设）：将鼠标悬停在保存预设菜单上，会有两种保存预设的方式供你选择。

图8.1　预设管理选项 4

保存到项目（默认）是指可以将预设参数保存到当前打开的项目中，同时给当前预设命名并添加到管理预设名单。你也可以从列表中选择覆盖现有的预设，系统会提示你是否需要覆盖，点击"确定"后覆盖。这些预设可以链接到视图，以便后面随时找回当前的渲染效果。保存到文件是指将当前的预设参数保存到本地的.json文件中。

Resets To Default（重置为默认）：将当前视觉设置中的所有参数重置为默认设置。

Manage Presets（管理预设）：将打开已保存到项目文件中的所有预设，你可以对这些预设进行删除或重命名。

8.2　渲染设置

图8.2　渲染设置1

Outlines（轮廓线）：给模型轮廓边缘添加一种类似于手绘描边的效果，可以提升效果图的立体感。数值越大，轮廓线越明显。

图8.2　渲染设置 4

图8.2　渲染设置 2

Mode（模式）：模式选项中包含了四种不同的渲染风格，None表示默认的渲染模式。

White（白模）：当启用白色模式时，除透明材料外，所有材料都会以白色显示。使用白模+轮廓线的风格还可以做出手绘的效果。

图8.2　渲染设置 5

图8.2　渲染设置 3

Polystyrol（聚苯乙烯模式）：聚苯乙烯是一种制作塑料的材料。选择聚苯乙烯模式时，所有的模型将呈现为聚苯乙烯材料效果，阳光会透过较薄的几何体。此外会出现一个Transmission(透射)的附加设置选项，该设置确定多少光通过几何体透射。

图8.2　渲染设置 6

Light View（光视图）：在该模式下，可以看到光线照射到物体表面的光照热力图，对于建筑光照分析非常实用。颜色越暖的地方表示光照越强烈，颜色越冷的地方表示光照越微弱。渲染窗口顶端会始终有个光照范围指示器，表示当前视图的光照度区间值。

图8.2 渲染设置 7

此外，光视图模式还有一个附加选项Automatic Scale（自动范围），取消勾选后可以手动调节光照度范围的最小值与最大值。

图8.2 渲染设置 8

Auto Exposure（自动曝光）：这是一个控制画面亮度非常重要的功能，跟单反相机中的自动曝光原理类似，可以根据相机视角所处的位置自动调节渲染画面的光线明暗。取消勾选后可以通过下方的Exposure（曝光）选项手动调节曝光亮度。一般建议勾选该选项。

图8.2 渲染设置 9

Projection（投影）：该设置提供了三种不同的投影视图模式：透视视图、两点透视、正交视图。默认情况下，投影设置为透视视图。需要特别注意，只有在禁用主工具栏上的"视图同步"功能后才可以选择其他两种投影模式。

图8.2 渲染设置 10

如果你在渲染窗口中开启了帮助导航栏，那么在渲染窗口右上角就会看到投影设置的图标，你可以通过它来切换投影模式。

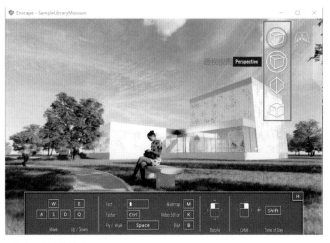

图8.2 渲染设置 11

图8.2 渲染设置 12

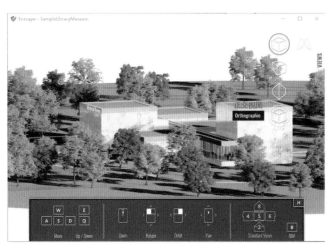

图8.2 渲染设置 13

Depth of Field（景深）：景深是一种常见的摄影表现手法，简单来说，景深就是指相机对焦点前后的清晰范围。在景深范围内拍摄到的东西是清楚的，而范围之外的东西，不管是这个区间的前面还是后面，则都是逐步模糊的，也就是我们所说的虚化了。景深效果可以凸显画面的纵深感。

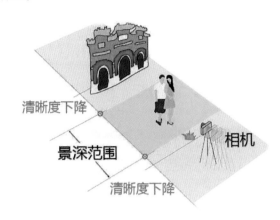

图8.2　渲染设置 14

通过景深选项后面的参数值，可以控制画面的模糊程度，数值越大画面越模糊。同时，你还可以取消勾选Auto Focus（自动对焦），采用手动对焦的方式去调整相机焦点距离，拉动焦点选项后面的控制滑块，在渲染窗口画面中就会看到一道白光，白光所在的位置表示焦点，也就是画面清晰的地方。

图8.2　渲染设置 15

图8.2　渲染设置 16

Field of View（视野）：视野表示所能看到的画面范围大小，视野度数越低，会拉近远处的物体，看到的画面范围越窄；视野度数越高，会推远远处的物体，看到的画面范围越宽，类似于相机的焦距大小。该选项只有在禁用"视图同步"功能后才可以手动调整。

图8.2　渲染设置 17

图8.2　渲染设置 18

Rendering Quality（渲染质量）：指的是实时渲染状态下所看到的画面质量，这个地方的选择质量同时也会影响到最终输出的效果，特别是在材质反射效果上。该选项提供了Draft（草稿）、Medium（中等）、High（高等）、Ultra（超高）四个级别的渲染质量，质量级别越高，显示效果越好，但同时也非常考验电脑硬件的性能。从最终出图的效果来说，建议大家选择中等及以上的渲染质量。

图8.2　渲染设置 19

8.3 图像设置

图像设置面板类似于一个后期调色器,你可以在出图前对画面对比度、饱和度、色温、滤镜特效等效果进行调整。

图8.3 图像设置 1

Auto Contrast(自动对比度):取消勾选后可以单独调整画面Highlights(高光)与Shadows(阴影)部分的效果。一般建议勾选该选项。

Saturation(饱和度):跟手机相机中的饱和度一样,饱和度越高,画面色彩越鲜艳。可以根据实际情况调整。

图8.3 图像设置 2

Color Temperature(色温):跟灯光的色温一样,色温数值越低,画面效果呈现暖色调;色温数值越高,画面效果呈现冷色调。

Ambient Brightness(环境亮度):通过增加环境亮度来补偿二次反射照明,对于白天增亮室内照明效果有一定的作用。

Motion Blur(运动模糊):模拟相机在快速运动时产生的模糊效果。该功能在VR模式下会自动被禁用。

Lens Flare(眩光):模拟相机镜头在朝向强光时产生的一种光晕效果,参数值越大,效果越明显。

图8.3 图像设置 3

Bloom(柔光):柔光是由光源产生的一种非直射光线,可以给画面增加一层朦胧的效果,使光线看起来更柔和。

图8.3 图像设置 4

Vignette(暗角):模拟"钥匙孔"效果滤镜,可以让图片四个角变暗。

图8.3 图像设置 5

Chromatic Aberration（色散）：模拟由光学色散引起的色移，会稍微降低图像清晰度。一般建议保存默认值。

8.4　环境设置

环境面板中主要是跟雾、阳光、夜空、地平线、云层等相关的设置选项。

White Background（白色背景）：勾选后环境背景将变成白色，但不会影响场景照明与反射。

图8.4 环境设置 2

Intensity（强度）：控制环境中雾的浓度。
Height（高度）：控制雾的高度。

图8.4 环境设置 3

Sun Brightness（太阳亮度）：控制阳光的强度，会影响场景的亮度与阴影。

Night Sky Brightness（夜空亮度）：控制月亮与星星的亮度，以增加它们的可见性和夜景中的光量。

Visual Settings

预设 Presets

渲染 Rendering　图像 Image　环境 Atmosphere　输出 Capture

☐ White Background 白色背景

Fog 雾
Intensity 强度　0%
Height 高度　70m

Illumination 光照度
Sun Brightness 太阳亮度　20%
Night Sky Brightness 夜空亮度　300%
Shadow Sharpness 阴影清晰度　83%
Moon Size 月亮尺寸　471%
Artificial Light Brightness 人工光亮度　134%

Horizon 地平线
Source 来源　Clear
Rotation 旋转　0°

Clouds 云层
Density 密度　51%
Variety 种类　63%
Cirrus Amount 卷云数量　71%
Contrails 航迹云　13
Longitude 经度　6518m
Latitude 纬度　5000m

图8.4 环境设置 1

图8.4　环境设置 4

Shadow Sharpness（阴影清晰度）：控制太阳和月亮产生的阴影的清晰度。数值越小，阴影轮廓越模糊；数值越大，阴影轮廓越清晰。

图8.4　环境设置 5

Moon Size（月亮尺寸）：控制夜空中月亮尺寸的大小，100%等于真实的月球大小。

Artificial Light Briahtness（人工光亮度）：控制所有人工光源（包括球形灯、聚光灯、矩形灯、圆形灯、条形灯）的亮度，太阳和自发光物体的亮度不受影响。

Horizon（地平线）：这个地方的地平线指的是环境背景、天空背景。

Source（来源）：默认为Clear（明朗）背景，可以使用官方提供的其他背景，也可以选择Skybox（天空盒）选项从本地加载HDRI图像环境图片。

Rotation（旋转）：控制旋转环境背景，只能在水平方向上旋转。

图8.4　环境设置 6

选择Skybox（天空盒）后，下面的设置菜单将发生变化。你可以点击Load Skybox from File（加载天空盒文件）后面的文件夹图标，从本地加载HDRI环境图片。HDRI环境图片后缀名一般为.hdr。HDRI环境图片可以为场景提供真实的光照、环境效果。

图8.4　环境设置 7

图8.4　环境设置 8

勾选Brightest Point as Sun Direction（以太阳方向为最亮点）后，将使用HDRI环境图片上的太阳作为场景的阳光光源，Enscape自带的太阳将被禁用，同时时间轴也将失效。

勾选Normalize the average brightness to the value

set below（将平均亮度标准化为以下设置的值）后，将使用HDRI环境图片的亮度为场景提供环境光照明，并且你可以手动调整HDRI环境图片的亮度，它将对渲染场景的亮度产生影响。

Density（密度）：控制云层的密度与厚度。

Variety（种类）：控制云朵的形状变化。

Cirrus Amount（卷云数量）：控制高海拔卷云的数量。

Contrails（航迹云）：控制飞机在空中飞行产生的航迹云数量。

Longitude（经度）：控制云朵往经度方向移动。

Latitude（纬度）：控制云朵往纬度方向移动。

8.5 输出设置

输出设置面板主要控制与出图质量等相关的选项设置，比如分辨率、出图路径、格式、视频质量、全景图分辨率等。

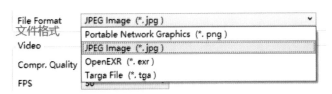

图8.5 输出设置1

Resolution（分辨率）：可以选择导出静帧图片或视频的分辨率（以像素为单位），最大导出分辨率为8192×8192像素。

Use Viewport Aspect Ratio（使用视口宽高比）：勾选后将以SketchUp的绘图窗口尺寸导出渲染图。

Show Safe Frame（显示安全框）：勾选后，在正式导出效果图前，点击屏幕截图按钮可以提前预览出图的画面范围。

Export Object-ID, Material-ID and Depth Channel（导出对象ID、材质ID和景深通道图）：勾选后在导出效果图的同时，还会另外导出对象ID、材质ID、景深通道图三张图片。如果出图后需要到Photoshop里面做后期调色处理，建议勾选。

图8.5 输出设置 2

Depth Range（景深范围）：可以控制景深通道图上黑色（清晰）部分与相机的最大距离。建议保持默认。

Automatic Naming（自动命名）：勾选后，输出图像时将不会弹出选择保存路径对话框，图像将被直接输出到指定的默认文件夹中，并以输出时间命名。

Default Folder（默认文件夹）：点击该选项后面的黄色文件夹图标，可以手动指定一个默认的图像导出目录。

File Format（文件格式）：支持导出png、jpg、exr、tga四种文件格式。如果需要做后期调色处理，建议选择图像压缩损失较小的tga格式。

图8.5 输出设置 3

Compr Quality（视频压缩质量）：提供了Email（邮件）、Web（网页）、BluRay（蓝光）、Maximum（极高）、Lossless（无损）五种不同级别的视频压缩质量。压缩质量越高，文件量越大，但可以减少视频中的压缩失真，导出时间不受此设置的影响。

FPS（帧速率）：每秒的帧数（一帧就是一张图片），帧速率越高，得到的视频越流畅，但渲染时间也会成比例地增加。一般建议30帧/秒。

Panorama Resolution（全景图分辨率）：全景图像素宽度。低：2048像素；中：4096像素；高：8192像素。

「 _ 第九章　渲染前的准备工作 」

第九章　渲染前的准备工作

在第一章的内容中我们曾讲到，3D模型的质量会直接影响效果图最终的质量。在调整灯光、材质参数之前，我们还有很多渲染前的准备工作需要做，主要是针对3D模型与材质的检查及优化。

9.1　模型管理

一套设计方案中，会有很多的模型，如何能够高效地管理好这些模型呢？下面给大家推荐两种方法：组件管理法与图层管理法。

9.1.1　组件管理法

在SketchUp软件里，"创建组件"是一个非常实用的方法，它既可以把所有的模型变成一个个独立的"零部件"，便于单独对其进行编辑，又可以通过复制的方式将一个模型变成多个相似的模型组件，便于统一修改它们的几何造型或材质贴图。这无疑提高了整个渲染流程的效率。

比如，当我们把所有的天花筒灯模型都创建成同一个组件时，后面在调整灯光参数的时候，只需要对一盏灯进行参数修改，其他筒灯的参数也会同步更改。

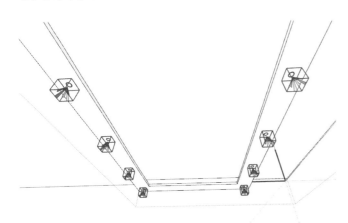

图9.1.1　组件管理法

9.1.2　图层管理法

所谓"物以类聚，人以群分"，对物体进行分类管理

是我们在生活与工作中经常用到的管理方法。在SketchUp里，我们可以通过创建不同类型的图层来管理不同类型的模型。

大家可以在图层面板中按照模型类型创建自定义的图层，也可以直接使用课件中给到大家的图层模板文件。只要将模型组件按照类别放置到对应的图层里就可以了。我们在渲染场景的时候，需要显示或关闭某些类型的模型组件，就可以通过图层来控制。

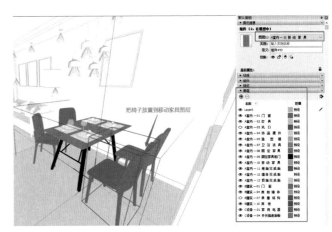

图9.1.2　图层管理法 1

图层模版文件使用方法：在课件中找到"SU-BIM室内设计模板.skp"文件并将其打开。复制视口中带字样的绿色组件，粘贴到你打开的SketchUp模型场景中，就可以将图层也一起复制过去了。然后再把绿色组件删除即可。

图9.1.2　图层管理法 2

9.2 模型代理

模型代理是渲染中常用的一种减少模型文件量的方法，它的原理是将场景中文件量比较大、构造线面比较复杂的模型单独存放到场景外部的本地磁盘目录中，在渲染时会自动加载、计算代理模型的信息，从而更好地解决场景卡顿的问题。

图9.2 模型代理 1

安装好Enscape后，在选择模型组件（一定要是组件才行）并单击鼠标右键时，在右键菜单选项中就会有"Save as external model for Enscape（另存为Enscape的外部模型）"的选项。点击该选项后，会弹出一个文件保存目录的对话框，你可以手动自定一个存放代理模型的文件夹，并点击保存。此时刚才选择的模型就只剩下一个蓝色的组件边框了，但不会影响渲染的效果。

图9.2 模型代理 2

9.3 模型重面检查

在SU中，两个模型的表面重叠在一起时，就会出现"闪烁"的不正常现象，从而影响渲染的效果。这多半是因为模型太薄或两个模型相互穿插到了一起。对于附着于地面上的地毯，切勿直接使用jpg位图替代，需要建模、贴材质，并给到一定的厚度（建议不小于2mm）。

图9.3 模型重面检查

9.4 正反面检查

原则上来说，朝向相机（或渲染镜头）的模型贴图，法线方向都要是正面，否则在渲染时可能会导致材质效果无法正常显示出来的错误。

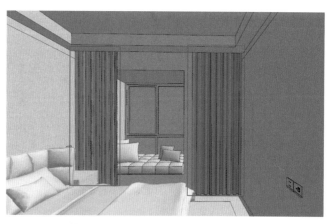

图9.4 正反面检查 1

那么如何判断场景中显示的模型法线是正面还是反面呢？如下图9.4正反面检查2所示，首先找到右侧的样式（风格）面板编辑菜单下的"平面设置"选项，查看模型的法线正反面是什么颜色，使用不同的模板模型法线正反

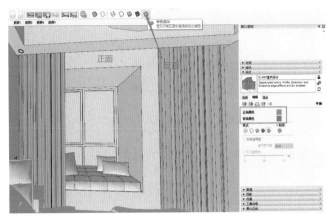

图9.4 正反面检查 2

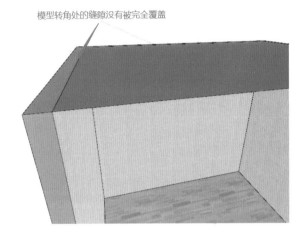

模型转角处的缝隙没有被完全覆盖

图9.5 模型漏光检查 2

颜色也不一样。然后再开启样式（风格）工具栏中的"单色显示"选项，就能够显示模型正反面的颜色了。

进入模型组件最里面的嵌套层级下，选择反面，单击右键菜单中的"反转平面"就可以更正模型法线的方向了。如果面数过多，推荐大家下载安装一个"坯子库"工具集，使用里面的"滑动反面"工具进行翻面，效率会提高很多。

如何解决漏光的问题呢？建议给顶面一定的厚度，并完全覆盖在墙体截面上。

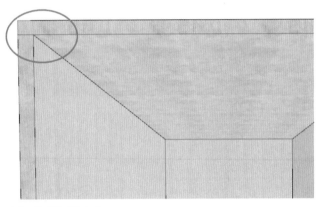

图9.5 模型漏光检查 3

9.5 模型漏光检查

模型漏光的现象多半出现在模型转角的地方，这主要是因为模型转角处的缝隙没有被完全覆盖所导致的。

9.6 模型倒角优化

模型倒角优化是一项细小而又麻烦的工作，常被建模人员与效果图制作人员忽略，特别是SketchUp模型。所谓"细节决定成败"，模型倒角可以为效果图的质量增色不少，能够体现模型细节的真实感。但凡事有利则有弊，模型细节越丰富，模型文件量越大，在操作时越可能会引起SU软件出现卡顿现象。

图9.5 模型漏光检查 1

图9.6 模型倒角优化 1

图9.6 模型倒角优化 2

如何才能做出圆角边的效果呢？给大家推荐一个SketchUp倒角插件——Fredo Corner，使用方法也非常的简单。如下图9.6模型倒角优化3所示，选中要倒角的边线，点击黄色的"倒圆角"按钮，然后在窗口上方的设置栏中修改倒角的半径与段数，按Enter键生成结果。大家也可以去网上找该插件的教程自学。

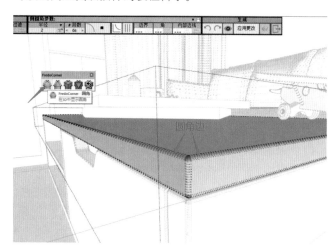

图9.6 模型倒角优化 3

9.7 缝隙效果优化

缝隙效果优化跟模型倒角优化类似，都是用于体现效果图细节的优化项。我们室内空间中的很多地方都是有缝隙的，比如柜门之间的缝隙、地砖之间的缝隙、集成吊顶扣板之间的缝隙等。

我们在SketchUp中建模的时候都习惯于用SketchUp的直线去替代缝隙，这些直线在SketchUp视图窗口中可以显示出来，但在Enscape渲染时是看不到的。如果想要在效果图中渲染出缝隙的效果，有两种方法：第一种方法是借助于纹理贴图（比如地砖和集成吊顶扣板）上自带的缝隙来解决，但有些纹理贴图是没有绘制缝隙的，而且想显示柜门之间的缝隙也难以靠纹理贴图来表现。这就要用到第二种方法，通过对SketchUp模型表面的几何造型进行修改编辑，预留出缝隙的效果。

图9.7 缝隙效果优化 1

图9.7 缝隙效果优化 2

9.8 相似材质名称检查

我们在调整材质渲染参数时主要是靠材质贴图名称来识别不同的材质。但在SketchUp模型中难免会出现颜色相似的材质，比如白色塑钢材质的门窗框与白色的乳胶漆。很多朋友在建模时为了方便可能顺手就将同一种白色填充到了两种不同类型的模型表面。如果只是看模型效果也许影响不大，但做渲染时就不行了，因为塑钢与乳胶漆是两种不同的材质，它们的反射率肯定是不一样的，所以在建模时就需要分开赋予材质或颜色，分开命名。

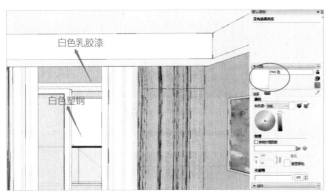

图9.8 相似材质名称检查

9.9 贴图纹理检查

主要是检查模型表面的贴图纹理坐标方向、尺寸比例是否合适、美观，与事物效果相差不能太大，否则会影响最终渲染图的效果。

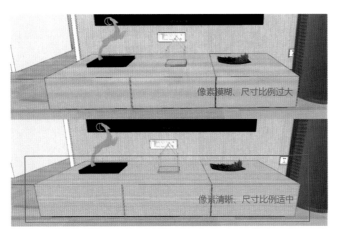

图9.9 贴图纹理检查 1

如果是材质贴图比较模糊，可能是材质贴图的长宽像素太大了，可以在材质编辑面板中修改；如果是坐标位置、方向不正确，可以右键单击模型表面，在纹理编辑选项中修改。

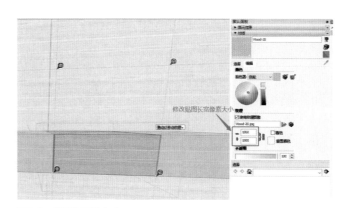

图9.9 贴图纹理检查 2

对于模型表面材质纹理UV出现错乱的情况，推荐大家使用SketchUp UV这款插件进行调整，具体的使用方法大家自行去网上查找相关教程，在此就不展开细说了。

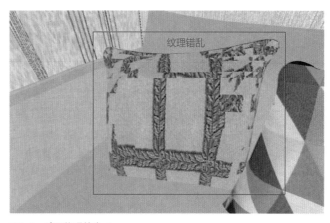

图9.9 贴图纹理检查 3

9.10 透明材质检查

透明材质都是一种比较"特殊"的材质，如果材质贴图方向不正确，渲染时透明的效果就表现不出来，在V-Ray与Enscape中都会遇到。我们做个试验，下图9.10透明材质检查中从左到右三块落地窗的模型厚度与材质贴图方向都有所不同。

图9.10 透明材质检查 1

图9.10 透明材质检查 2

左侧的落地窗厚度是20mm，法线正面贴了透明的玻璃材质，反面没有贴玻璃材质，仅保持了模型反面默认的浅蓝色；中间的落地窗厚度同样是20mm，法线正反面都贴了透明玻璃材质；右侧落地窗没有厚度，只是一块矩形平面，法线正反面都贴了透明玻璃材质。大家猜一猜在Enscape中渲染出来是什么样的效果？

中间与右侧的玻璃材质效果均正常，有反射与透明效果，但左侧的玻璃只有反射效果，没有透明效果。原因正是在于其法线反面没有赋予透明玻璃的材质，所以大家以后在渲染时要注意检查透明物体的材质有没有贴正确。

俗话说：细节决定成败。最终输出的效果是否理想，就看模型的细节是否足够精细了。因此，这些渲染前的准备工作不可忽视，这些小技巧都是"入门级"的，它的通用性也比较强，无论大家是使用SketchUp还是3Dmax软件做渲染，都是能够通用的。

当然，要想成为效果图表现的高手，仅学习理论知识是远远不够的，还需要靠大家多去实践。效果图表现，打灯光与调材质是最为关键，也是本套课程里最难把控的两个部分。因为我们每个案例中的灯光和材质的参数都不是固定的，需要跟随空间大小、类型、风格的变化而进行调整，所以很多时候只能够凭设计师的"感觉"去调整相关的参数。在后面的两个章节中，我将分别通过一个室内案例与一个室外景观案例，为大家去讲述更多在实际案例中需要掌握的经验技巧。

「＿第十章　室内空间案例表现」

第十章　室内空间案例表现

10.1　表现主题概述

本案例是一套新中式风格的客/餐厅空间，在材质使用方面，客厅家具、造型墙、天花灯槽等局部均采用了传统中式风格惯用的实木元素，在墙面与天花设计上又融入了一些偏现代风格的镜面、烤漆、金边元素。餐厅与厨房采用了一体式的设计布局，材质方面以烤漆、大理石、瓷砖、绒布、木纹、乳胶漆为主。

在灯光设计方面，客厅主灯采用了既奢华又浪漫的水晶灯，辅助光源用的是比较经典的筒灯与灯带，沙发两侧边几上的台灯与客厅背景墙挂画上的三盏射灯作为氛围点缀光源。餐厅主灯使用的是现代风格的吊灯，辅助光源为经典筒灯。灯光设计偏暖色调，与室外的白色天光形成了鲜明对比。

图10.1　表现主题概述 3

图10.1　表现主题概述 4

图10.1　表现主题概述 1

图10.1　表现主题概述 2

本案例的表现效果以日景为主，请大家务必注意分析本案例效果参考图中的照明主次、人工光效果与各种不同材质的效果。

在上一个章节中，我们详细地讲解了如何在渲染前对模型、材质进行检查优化的相关知识要点，这些都是在正式渲染前就要去完成的工作内容，请大家不要忘记。关于本案例的模型检查优化，我就不再进行演示讲解了，请大家自行去完成。下面我将围绕本案例着重讲解对于室内空间渲染在相机构图、照明光线调整、材质参数调整、出图设置等全套渲染流程的详细内容。

10.2 相机构图技巧

图10.2 相机构图技巧

说到相机构图，可能大家会联想到用单反相机取景时的场景。那么摄影艺术专业中的"相机构图"与我们建筑设计、室内设计专业中的"相机构图"是一回事吗？有什么关系吗？虽然不是一回事，但有一定关系。

为什么说不是一回事呢？主要是两者的构图工具与取景对象不同。摄影艺术专业的构图是用真实的相机拍摄真实的场景，建筑设计、室内设计专业中的构图是用虚拟的相机拍摄虚拟的场景。一个是实景拍摄，一个是虚景拍摄，肯定不同。

为什么说有一定的关系呢？因为建筑设计、室内设计专业的某些知识都是借鉴摄影艺术专业的知识。对于渲染比较了解的朋友应该知道，绝大部分CG渲染器中都有"Camera（相机）"设置，比如V-Ray、Corona、Thea Render、Enscape等，为什么？因为这些CG渲染器正是仿照了真实相机的作业原理设计的，所以我们会在Enscape的设置面板中看到自动曝光、自动对焦、视野范围、景深等真实相机上具有的参数设置选项，并且这些参数设置选项所表述的作用都是一样的。可以这样理解，CG渲染器就是一台"虚拟相机"。

10.2.1 景别分类

景别是电影镜头语言中常用的专业术语。景别是指由于摄影机与被摄体的距离不同，而造成被摄体在摄影机录像器中所呈现出的范围大小的区别。电影拍摄中的景别一般可分为五种，由近至远分别为特写（指人体肩部以上）、近景（指人体胸部以上）、中景（指人体膝部以

上）、全景（人体的全部和周围部分环境）、远景（被摄体所处环境）。

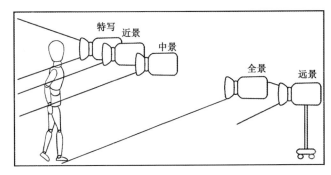

图10.2.1 景别分类 1

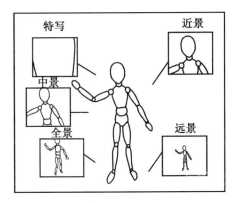

图10.2.1 景别分类 2

我们在室内空间构图时，也可以参照电影拍摄中的景别，根据视点位置、视野范围，以及视点位置与表现主体之间的视距，将空间构图分为四种景别——全景、中景、近景、特写。

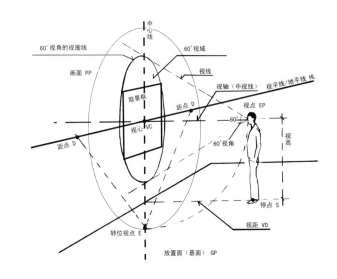

A 透视的基本术语示意图

图10.2.1 景别分类 3

● 全景：

全景的含义体现在一个"全"字上，在相机视野不被过度拉长的情况下，最大限度表现出空间的完整性，适用于表现家具、陈设装饰与整体空间的关系。全景画面是室内效果渲染表现中用得最多的景别。需要注意的是，我们这个地方说的"全景"可不是360度全景图。

图10.2.1　全景

● 中景：

中景在视野范围上比全景要小一个等级，常用于表现某个独立的区域或空间内的效果。被摄对象与空间的关系相对完整、明确。

图10.2.1　中景

● 近景：

近景画面所看到的视野范围更加窄小，适用于表现空间局部与家具局部、饰品摆件的关系。

图10.2.1　近景

● 特写：

特写画面视角最小，一般来说离被摄对象也最近，被摄对象处于整个视觉的中心位置，充满整个画面。特写画面有突出对象细节、强调对象特殊性或重要性的作用，适用于表现某一个或某一组特定的物体。

图10.2.1　特写

10.2.2　透视图类型

"透视"是一个绘画理论术语，指在平面或曲面上描绘物体的空间关系的方法或技术。当视点、画面和物体的相对位置不同时，物体的透视形象将呈现不同的形状，从而产生了各种形式的透视图。透视图分为以下三种类型,大家在打开相机视角的时候可以根据表现主题类型,参照透视图的方法进行构图。

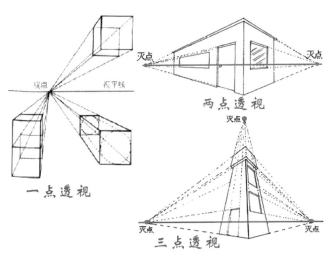

图10.2.2 透视图类型

● 一点透视:

建筑物只有一个方向的轮廓线垂直于画面,其灭点就是主点;而另两个方向的轮廓线均平行于画面,没有灭点,这时画面的透视,称为一点透视。一点透视也叫作平行透视,适用于体现空间的纵深感,也是室内空间表现中应用最多的透视构图手法。

图10.2.2 一点透视图

● 两点透视:

如果建筑物只有垂直方向的轮廓线平行于画面,而另两组水平的轮廓线均与画面斜交,于是在画面上就会得到两个灭点,这两个灭点都在视平线上。这时画面的透视,称为两点透视,也叫作成角透视,能够表现出建筑、室内空间两个水平方向上的交错感。

图10.2.2 两点透视

● 三点透视:

如果画面倾斜于基面,即画面与建筑物的三组主要方向的轮廓线都相交,于是画面上就会形成三个灭点。这时画面的透视,称为三点透视,又称倾斜透视。三点透视常用于表现仰视或俯视角度的建筑。

图10.2.2 三点透视

10.3　创建场景页面

了解了景别与透视图的相关理论知识后，下面我们就运用这些理论知识中的方法和技巧来添加场景页面，也就是相机构图。我们首先来创建一个客厅的一点透视全景图。

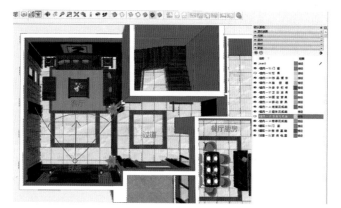

图10.3　创建场景页面 1

第1步，将场景视图切换到顶视图，在图层管理面板中关闭"顶面完成面"和"灯具"图层。

图10.3　创建场景页面 2

第2步，点击"定位相机"工具，将光标移动到图中地砖上的红色圆圈内，即观察视点位置。按住鼠标左键向红色箭头指引方向拖拽光标，尽量保持拖拽出来的指引线与视点位置在一条水平线上，然后将光标放置到地毯上或茶几上，松开鼠标左键即可。

图10.3　创建场景页面 3

第3步，点击相机工具栏上的"小眼睛"——"绕轴旋转"工具，在视点高度数值框中输入1400mm，按Enter键确认。记得此时将刚才关闭的"顶面完成面"和"灯具"图层打开。

第4步，点击"缩放"工具，将相机视野设置为50°左右。

图10.3　创建场景页面 4

第5步，勾选"相机"菜单下的"两点透视图"选项，目的是为了使Z轴（垂直）与X轴（水平）两个方向上的轮廓线平行于画面，不会产生灭点，营造出一点透视的画面效果。

图10.3　创建场景页面 5

图10.3　创建场景页面 6

第6步，打开SketchUp视口右侧默认面板中的"场景"面板，点击"+"按钮，如果弹出警告对话框，先选择"更新选定的样式"，再点击"创建场景"，如下图10.3创建场景页面7所示。

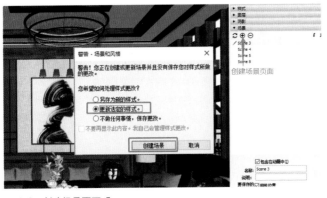

图10.3　创建场景页面 7

第6步，最后可以在场景管理面板名称栏中给刚创建的场景起个名称，比如"客厅1"。至此，整个创建场景页面的步骤就完成了。

图10.3　创建场景页面 8

大家可以用上面讲的步骤继续给客厅、餐厅、厨房空间创建其他角度的场景页面，一点透视图、两点透视都可以，如下图10.3创建场景页面9所示。

图10.3　创建场景页面 9

图10.3　创建场景页面 10

在创建一点透视全景图时，由于相机视点位置非常靠近墙体，在调整相机视角的过程中画面会经常出现"穿墙"的现象，影响正常创建场景页面。如何解决这个问题呢？这里给大家分享一个小技巧，我们先使用"剖切面工具"对视点位置后面的墙体进行剖切，这样相机的视野就不会被墙体挡住了。

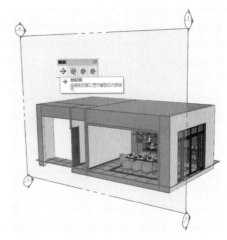

图10.3　创建场景页面 11

接下来使用"缩放窗口"工具，框选出需要创建场景的视口区域，如下图10.3创建场景页面12中红色矩形框所示。再对相机视野度数、视点高度进行适当调整，最后创建场景页面就可以了。

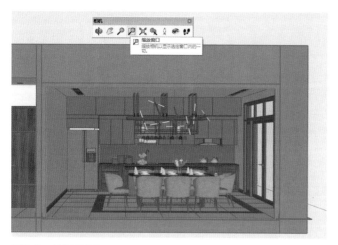

图10.3　创建场景页面 12

10.4　自然光调整

自然光指的就是室外的环境光与阳光，Enscape里的环境光与阳光都是自带的，只要开启渲染窗口就有，不需要像V-Ray那样手动添加。

图10.4　自然光调整

10.4.1　时间轴的应用

在渲染窗口中长按键盘上的U或I键，就可以调整时间轴，环境光的强度与阳光的照射角度也会随着时间轴的推移而发生变化。但此时的自然光效果仅限于在渲染窗口中

即时预览，当我们点击场景页面标签后，自然光的效果又会还原到调整前时间的状态。如何才能解决这个问题呢？这就需要使用"阴影"面板中的时间轴来调整。

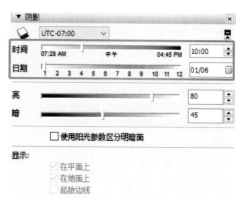

图10.4.1　时间轴的应用 1

可以点击阴影面板中的时间与日期滑杆来调整阳光照射的角度，也可以在后面的数值输入框中将时间手动指定到某一个具体的日期、时间点。调整好后在场景面板中将当前场景更新一次即可。

图10.4.1　时间轴的应用 2

10.4.2　HDRI贴图的应用

除了通过时间轴来调整自然光照，我们还可以通过HDRI贴图来调整场景的自然光照。

图10.4.2　HDRI贴图的应用 1

HDRI贴图是一种用来模拟环境的图像文件，文件名后缀一般都是.hdr。HDRI贴图都是通过相机拍摄的真实环境全景图，通过特殊的处理后，它能够将环境与光照信息储存到hdr格式的文件中，我们在渲染效果图的时候如果使用HDRI图像，就能够把HDRI图像文件的光照色彩反射、折射给你要渲染的物体，达到一种真实模拟的目的。

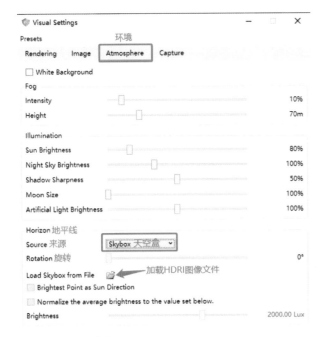

图10.4.2　HDRI贴图的应用 2

我们在Enscape视觉设置面板的天空盒选项，从外部文件夹中加载一张HDRI图像文件进来。

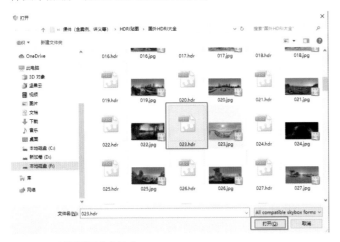

图10.4.2　HDRI贴图的应用 3

如下图10.4.2HDRI贴图的应用4所示，勾选"以太阳方向为最亮点"，这样就可以使用HDRI图像上的真实太阳光照信息。将HDRI图像旋转到合适的位置角度，亮度暂时保持默认。

图10.4.2　HDRI贴图的应用 4

可以看到，餐厅厨房的外景已经被替换成了HDRI图像上的环境背景，整个室内的光线看起来也更加自然。

图10.4.2　HDRI贴图的应用 5

如果感觉室内的环境光线太暗，可以通过自动曝光选项来控制。

图10.4.2　HDRI贴图的应用 6

10.5　人工光调整

接下来需要调整室内的人工光效果氛围，比如吊灯、筒灯、灯带、台灯、射灯这些光源都需要打亮。

10.5.1　吊灯效果调整

首先是客厅的吊灯，我们要了解它的光源位置在哪儿，吊灯的三个圆环上的水晶吊坠肯定不是光源，大家注意圆环内侧的浅绿色材质，这个才是发光的光源。我们打开Enscape材质编辑器，将该材质贴图设置为自发光材质，发光亮度暂时保持默认。

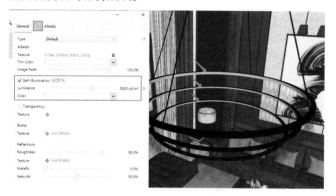

图10.5.1 吊灯效果调整 1

图10.5.1 吊灯效果调整 2

仅靠吊灯圆环内侧自发光材质发出的光是不够的，为了增加吊灯的照明效果，我们还需要在吊灯内侧放置一盏圆形灯，把吊灯下方的区域照亮，灯光参数设置可以参考下图10.5.1吊灯效果调整3所示。

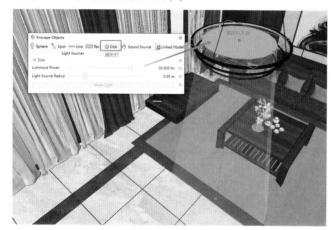

图10.5.1 吊灯效果调整 3

图10.5.1 吊灯效果调整 4

10.5.2 筒灯效果调整

整个案例中的筒灯大概有三十多盏，由于数量较多，为了便于统一调整灯光参数，可以将发光效果相同的筒灯创建成具有关联属性的组件。

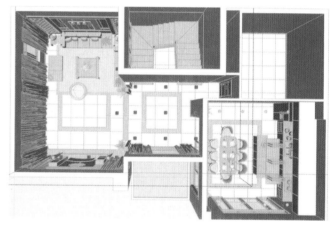

图10.5.2 筒灯效果调整 1

进入任意一盏筒灯组件嵌套层级内部，添加一盏聚光灯光源，这样其他相同的筒灯内部也会同步添加上光源。这里需要添加IES光域网文件，光源发光强度根据渲染窗口中实际显示的灯光效果调整。

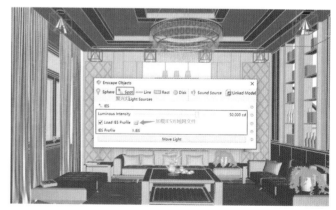

图10.5.2 筒灯效果调整 2

如下图10.5.2筒灯效果调整3所示，我们可以看到此时沙发背景墙两侧的黑色菱镜表面、沙发的表面以及能够看到IES光域网照射出来的光线了。灯光的颜色暂时保持默认的白色。

图10.5.2　筒灯效果调整 3

图10.5.2　筒灯效果调整 4

接下来我们需要给筒灯添加自发光效果，由于整个筒灯模型表面的颜色都是一样的，为了将筒灯边缘金属材质与自发光材质区分开来，我们需要将筒灯底部的颜色也就是自发光位置的颜色换成另一种浅色。

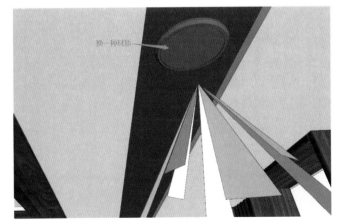

图10.5.2　筒灯效果调整 5

图10.5.2　筒灯效果调整 6

10.5.3　灯带效果调整

灯带位于天花顶面的木纹灯槽内，一共有两圈。做灯带效果理论上有两种方法：一是使用自发光，二是使用矩形灯。但经过我们反复试验后，得到的结果是矩形灯做出的灯带效果要胜于自发光，缺点就是比较烦琐。

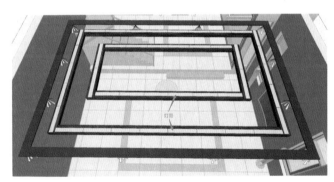

图10.5.3　灯带效果调整 1

先添加一个矩形灯，宽度在0.6m～0.9m为宜，然后按照木纹灯槽的走向移动复制出多个矩形灯，使其首尾相连，最后拼接形成内外两圈灯带，记得把内外两圈灯带分别创建组件，以便于管理。

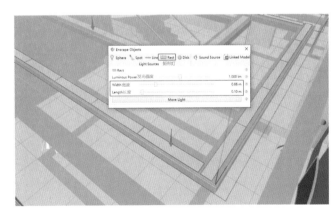

图10.5.3　灯带效果调整 2

有朋友可能会问，矩形灯的宽度/长度最大值可以达到3m，为什么这个地方要限制矩形灯的宽度/长度呢？这个就是经验了。经过多次试验，最后我们发现如果单条矩形灯长度超过0.9m，拼接起来后灯带拼接处的灯光效果就会产生"断裂"现象，非常影响灯带的连续性效果。

为了给整个场景添加一些冷暖对比的效果，我们可以给矩形灯表面填充一个暖色调的颜色，这样灯带发出的光就是暖黄色的光。发光强度可视渲染窗口中显示的效果进行增强或减弱，我这边设置的是3000lm。

图10.5.3　灯带效果调整 3

10.5.4　台灯效果调整

这盏台灯的内部是没有灯泡的，我们直接用聚光灯打出灯泡的发光效果就可以了。分别在台灯灯杆下方与灯罩靠墙一侧的内部添加一盏聚光灯，需要加载IES光域网文件。下面的聚光灯往地面方向照射，上面的聚光灯成45°角往沙发背景墙方向照射，可以给聚光灯表面赋予一个橘红色，最后记得将聚光灯放置到灯罩组件的内部。

图10.5.4　台灯效果调整 1

接下来打开Enscape材质编辑器，将台灯灯罩的贴图设为自发光材质，发光颜色跟刚才的聚光灯颜色一样，亮度值不宜给得太大，可以参考下图10.5.4台灯效果调整2中的参数值。

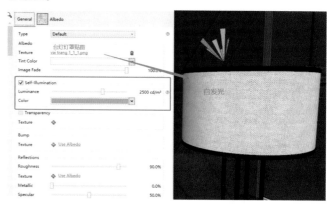

图10.5.4　台灯效果调整 2

图10.5.4　台灯效果调整 3

10.5.5　射灯效果调整

最后是沙发背景挂画上方的三盏射灯，还是用"聚光灯＋自发光"的方式来打。在灯罩组件内部添加一盏聚光灯，并加载一个IES光域网文件，发光颜色为暖色调。将灯罩内部的颜色设为自发光。参数设置如下图10.5.5射灯效果调整1所示。

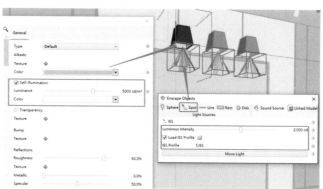

图10.5.5　射灯效果调整1

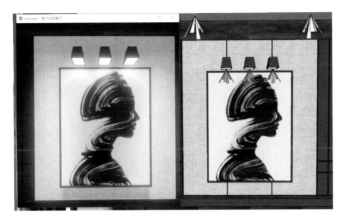

图10.5.5　射灯效果调整 2

就可以渲染出一张只带灯光效果的白模图片，这个步骤一般叫作"白模测试"。在去掉材质表面的颜色后，更有利于我们把控灯光的效果。

图10.5.6　白模测试 2

最后来看一下客厅整体的灯光效果，主光源与辅助光源都已经打亮了，感觉效果还不错，餐厅与厨房的灯光就留给大家自己去实践，方法都差不多。

在使用Enscape打光的时候，我们也可以使用该方法来测试灯光，只需打开视觉设置面板，将Mode（模式）选项改为"White（白色）"即可。

接下来，我们将要对场景中的材质参数进行调整，把各种材质该有的效果表现出来。

图10.5.5　射灯效果调整 3

10.6　材质参数调整

在调整材质参数的时候，我们可以遵循"从大到小"的原则，先调整在画面中占比较大的材质，后调整占比较小的材质。大家还记得我们在材质系统篇章中讲过的关于调整材质参数的方法吗？先用SketchUp材质面板中的"提取材质"工具点击模型表面的材质贴图，再到Enscape中调整具体的材质参数。

10.5.6　白模测试

图10.5.6　白模测试 1

以前我们在学习V-Ray渲染的时候，为了更好地测试、调整灯光的发光强度、颜色等效果，除了透明材质以外，我们可以将其余模型表面材质全部覆盖为白色，然后

10.6.1　瓷砖

地面的瓷砖有两种不同颜色的款式，一种是浅白色

图10.6.1　瓷砖 1

的、一种是深褐色的。因为都属于瓷砖，所以我们可以给一样的反射参数，只需要调整粗糙度与镜面反射两项参数即可，如下图10.6.1瓷砖2所示。

图10.6.2　木纹 2

10.6.3　墙漆

图10.6.1　瓷砖 2

10.6.2　木纹

图10.6.3　墙漆 1

图10.6.2　木纹 1

家具与墙面、天花上都使用了大量的木纹材质贴图，除了调整粗糙度以外，我们还可以给一定的凹凸，但凹凸值最好不要超过1.0。具体参数如图10.6.2木纹2所示。

天花吊顶与墙面为白色的墙漆，可以给一定的反射效果，但不会很强烈。

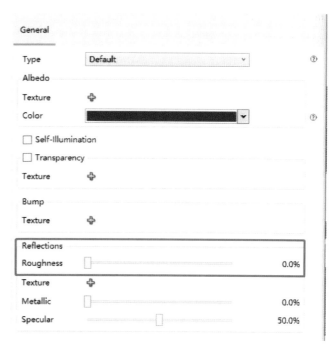

图10.6.3　墙漆 2

图10.6.4　黑镜 2

10.6.4　黑镜

10.6.5　皮革

图10.6.4　黑镜 1

图10.6.5　皮革 1

　　本案例在沙发背景墙、客厅侧面隔断墙以及天花灯槽下方都应用了大面积的黑镜材质，黑镜的反射率跟玻璃相似，我们可以从黑镜中清晰地看到反射出的室内环境。

　　沙发的材质使用的是皮革，绝大部分的皮革表面有反射与纹理凹凸的质感。只需要调整凹凸与粗糙度即可，在调整凹凸效果的时候，由于没有专用的PBR通道贴图可以使用，我们可以将反照率贴图作为凹凸贴图，点击Bump（凹凸）选项下的Use Albedo（使用反照率贴图）就可以了。

图10.6.5　皮革 2

图10.6.6　镜面 2

10.6.7　窗纱

10.6.6　镜面

图10.6.6　镜面 1

图10.6.7　窗纱 1

　　窗纱是一种半透明的布料，且表面具有细小的针孔，一般需要靠近才能够看出来，类似于蚊帐。我们把原有模型表面的条形贴图删除了，替换成针孔形状的贴图。

　　沙发背景墙两侧的菱形造型墙使用的是普通的镜面材质，想要做出这种镜面的效果，我们首先需要将其模型表面原有的黑色颜色改为浅灰色，然后将粗糙度调到0%，金属值调到100%。如下图10.6.6镜面2所示。

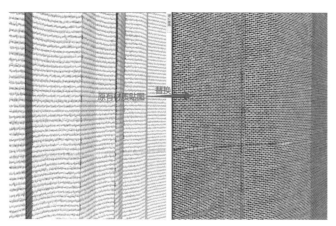

图10.6.7 窗纱 2

窗纱的反照率贴图与透明度贴图我们使用了同一张纹理贴图，在调整窗纱效果的时候需要注意替换后的纱窗纹理是否美观合适，如果替换后的窗纱纹理太大，我们需要进入反照率与透明度两个高级贴图选项中相应缩小贴图纹理尺寸。

图10.6.7 窗纱 3

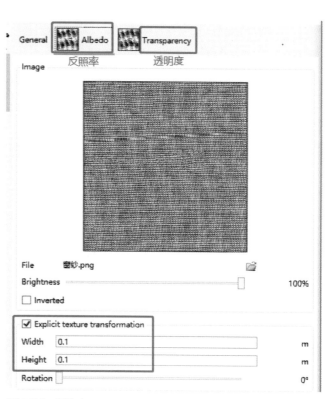

图10.6.7 窗纱 4

10.6.8 镜面金属

图10.6.8 镜面金属 1

在台灯、吊灯、沙发背景墙装饰条部位都应用了金黄色的镜面金属材质。该材质参数与前面调过的镜子差不多，只是底色不同，具体如下图10.6.8镜面金属2所示。

图10.6.8 镜面金属 2

图10.6.9 陶瓷 2

10.6.9 陶瓷

10.6.10 枝叶

图10.6.9 陶瓷 1

图10.6.10 枝叶 1

客厅茶几桌面的一组茶具是陶瓷材质,在调整材质的时候需要注意,茶壶与茶杯表面的粉红色不同,茶杯内部与外部的材质不同,需要单独调整参数。还有茶壶的把手是金黄色的金属材质。

对于枝叶(树叶、花叶)一类的模型,如果表面有材质贴图,就把反照率贴图类型改为Foliage(枝叶),有些枝叶在灯光、阳光的照射下表面会有一定的反射效果,也可以为其纹理添加一定的凹凸效果。

General Albedo Bump

| Type | Foliage | ⌄ | ⑦ |

Albedo

| Texture | bd6b0206d3e6a547ead62160e84c114... | 🗑 |

| Tint Color | | ⌄ |

| Image Fade | | 100.0% |

☐ Transparency

| Texture | ➕ |

Bump

| Texture | bd6b0206d3e6a547ead62160e84c114... | 🗑 |

| Type | Bump map | ⌄ |

| Amount | | 1.00 |

Reflections

| Roughness | | 30.0% |

| Texture | ➕ Use Albedo |

| Metallic | | 0.0% |

| Specular | | 50.0% |

图10.6.10 枝叶 2

上面只是列举了案例中部分比较典型的材质参数并对其进行讲解，案例中还有很多类似的材质就留给大家自己试着去调整。

10.7 出图测试调整

灯光、材质参数全部调整好后，最后出图前再检查一下相机角度、灯光氛围、画面曝光度、人工光或自然光的亮度等各方面的效果是否合适，根据实际情况进行调整即可。

举个例子，比如客厅3号场景的SketchUp模型画面与Enscape的渲染画面所显示的视野范围相差就比较大。在SketchUp模型画面中我们可以看到电视背景墙的区域，Enscape渲染窗口中的视野范围很明显小了很多，这个时候就需要对相机的视野度数进行调整。

图10.7 出图测试调整 1

图10.7 出图测试调整 2

我们将原来的相机视点位置进行重新调整，向后移动到台灯的位置，把台灯暂时进行隐藏。并且还放大了原来的视野长度（原来是34°，现调整为60°），这样就相当于给相机装上了一个"广角镜头"，可以使我们看到更多的画面。

图10.7 出图测试调整 3

再比如曝光度，原来设置的曝光度感觉有点过高，导致天花上的灯带效果不是很明显，可以适当调低视觉设置面板渲染选项中的曝光度。至于比较暗的地方，可以在导出效果图后到Photoshop中去对暗部单独进行提亮。大家记住Enscape只是渲染器，不要指望在渲染器里一次性把效果调到完美，否则会浪费很多的时间。

图10.7 出图测试调整 4

10.8 普通效果图输出

确认好画面效果没有问题后，就可以输出效果图了。但在出图前我们需要到视觉面板中对出图参数进行设置，如下图10.8普通效果图输出1所示。

图10.8 普通效果图输出 1

Resolution（分辨率）选项可以控制普通效果图与动画的分辨率，官方提供了几种不同级别的预设参数，比如高清（HD）、全高清（Full HD）、超高清（Ultra HD）等，普通效果图建议选择全高清或超高清级别就可以了。

如果导出后需要将效果图导入Photoshop做后期调色，建议勾选"输出对象ID、材质ID和景深通道图"选项。景深范围控制的是景深通道图上黑色部分距离视点的距离。

勾选"自动命名"选项后，输出的效果图将自动以出图日期、时间命名，此外你还可以点击Default Folder（默认开关）后面的文件夹图标，指定一个默认的出图目录。

Enscape的普通效果图文件格式有四种：jpg、png、

exr、tga，如果需要进行后期处理，建议选择png或tga格式。

设置完出图参数后，点击输出工具栏上的截屏按钮或使用快捷键Shift+F11就可以出图了。

图10.8 普通效果图输出 2

点击Enscape"截图"按钮后会弹出一个叫作"Render Image"的渲染图片管理面板，如下图10.8普通效果图输出3所示。

图10.8 普通效果图输出 3

所以SketchUp场景页面名称都会出现在面板中，可以先选择场景页面名称后再点击渲染效果图。如果只是想要输出当前渲染窗口中显示的画面，直接点击最下方的"Render（渲染）"即可，或者按住Ctrl或Shift键从列表中选择多个场景页面进行批量出图。批量出图时建议关闭相机选项下的景深效果。

图10.8 普通效果图输出 4

我们选择"客厅1"场景渲染导出。Enscape的出图过程是其亮点之一，只需5～10秒钟的时间就能够输出一张4K分辨率的效果图，这也是Enscape能够快速成为渲染器中的"网红"的原因之一。

客厅1_materialId.png　　　　客厅1_objectId.png

客厅1.png　　　　客厅1_depth.png

图10.8 普通效果图输出 5

渲染完成后打开文件输出目录，就会看到四张不同颜色的图片，从左到右依次为标准的RGB颜色通道图、景深通道图、材质ID通道图、对象ID通道图。景深通道图控制效果图的景深范围与模糊程度，黑色部分表示清晰的地方，白色的部分表示模糊的地方；材质ID通道图，在SketchUp中使用相同材质的模型会被渲染成同样的颜色；对象ID通道图，只要在SketchUp中被创建成群组或组件的模型都会被渲染成一种不同的颜色。利用材质ID与对象ID通道图，我们可以在Photoshop中对效果图的局部材质进行单独调色。

10.9　Photoshop后期处理

Photoshop是一款专业的图像处理软件，我们可以利用它来对导出的效果图中不理想的地方进行二次编辑，比如色彩调整、曝光度调整、替换窗景图案等后期处理。

10.9.1　曝光亮度调整

我们用Photoshop打开输出的RGB颜色通道图，按Ctrl+J复制一份副本。如下图10.9.1曝光亮度调整1所示。

图10.9.1　曝光亮度调整 1

点击图层面板下方的"调整图层"按钮，在弹出的选项中选择自动曝光度，对场景整体的曝光亮度进行提亮，这边我给到0.5的曝光度。当然大家可以根据自身的情况去调整，不一定要跟我的参数一样。

图10.9.1　曝光亮度调整 2

如果你觉得某个材质的亮度还是太暗，比如客厅中的木纹或沙发皮革，我们可以借用材质ID通道图将其单独选出来进行亮度调整。

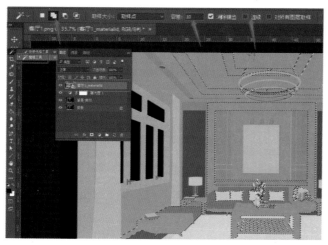

图10.9.1　曝光亮度调整 3

将材质ID通道图拖入Photoshop，置于RGB颜色通道图上方，按Enter键确认。使用Photoshop窗口左侧的魔棒工具，将木纹与沙发皮革材质的色块单独选择出来，具体参数可以参考上图10.9.1曝光亮度调整3中的设置。

图10.9.1　曝光亮度调整 4

接下来点击材质ID通道图图层名称前面的"小眼睛"关闭该图层，并选择图层面板下方"调整图层"选项中的亮度/对比度。大家可以根据实际情况用上述方法单独去调整其他材质的颜色。不要关闭当前文件，下面我们来讲一下如何利用景深通道图在Photoshop里做出景深模糊的效果。

10.9.2　景深效果调整

还记得我们在上一个小节中导出的景深通道图吗？用Photoshop将它单独打开，按Ctrl+A全选，Ctrl+C将图片复制。

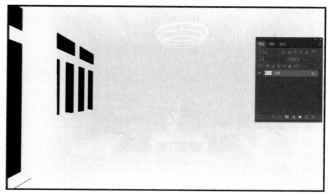

图10.9.2　景深效果调整 1

接下来回到刚才的RGB颜色通道文件中，点击图层面板上方的"通道"选项。再点击下方的图标新建一个Alpha通道，Ctrl+V粘贴刚才的景深图片，如下图10.9.2景深效果调整2所示。

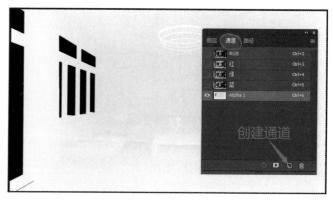

图10.9.2　景深效果调整 2

关闭Alpha通道前面的"小眼睛"按钮，打开RGB通道，然后点击上方的"图层"选项。

图10.9.2　景深效果调整 3

选择之前拷贝的RGB颜色通道图副本，在滤镜菜单下依次选择模糊＞镜头模糊。

图10.9.2　景深效果调整 4

在弹出的面板中找到深度映射>源选项，将Alpha1通道作为源使用。点击画面中间的挂画，将其设为相机焦点中心，光标点击的地方比较清晰，而其他地方的画面就比较模糊。如果感觉模糊效果不明显，可以将光圈半径数值调大。光圈半径表示景深模糊的程度，数值越大越模糊，调好后点确定即可。

图10.9.2　景深效果调整 5

大家可以看一下，下图10.9.2景深效果调整6中箭头指向的局部位置画面是不是已经有了景深模糊的效果了。挂画及周围的画面是比较清晰的，虚实之间形成了鲜明的效

图10.9.2　景深效果调整 6

果对比。

最后，我们将调整好的客厅1场景效果图另存为tiff格式的文件保存到文件目录下。

图10.9.2　景深效果调整 7

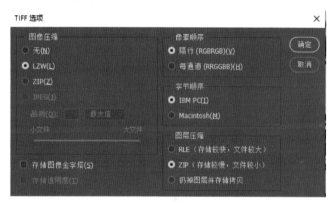

图10.9.2　景深效果调整 8

tiff格式文件既可以保存图层、通道、调色参数等信息，又可以将文件量压缩到最小（比psd格式会小很多）。另外，可以另存一份文件量更小的jpg或png格式的图像文件，便于发送给客户查看或分享到网络平台。

10.10　360度全景图输出

360度全景图的好处是可以让我们看到效果图垂直与

图10.10　360度全景图

水平方向360°的画面，通过全景软件合成后还可以旋转观察，在视觉体验方面，360度全景图自然要比普通的单帧效果图更胜一筹。那么下面我们就来学习一下如何使用Enscape输出360度全景图。

10.10.1 调整视点位置

大家以往浏览360度全景图时，视点的位置是不是都是在画面最中间呢？对了，当视点位置位于空间中间的时候我们才能看到更多的画面。这里有两种方法可以调整视点的位置：一是在SketchUp场景中将视点位置放置到室内空间的中间；二是直接在Enscape渲染画面上将相机的视点移动到室内空间的中间。这里我们就使用第一种方法，并临时添加了一个"客厅360"场景页面，将视点高度调整为1200mm。

图10.10.1 调整视点位置

10.10.2 出图分辨率设置

找到Enscape视觉设置面板>输出选项，在最下面的Panorama（全景图）设置中，提供了三种不同等级的分辨率：Low（低等，2048像素）、Normal（中等，4096像素）、High（高等，8192像素）。如果显卡性能不是很好，建议选择低等或中等质量。设置完成后，点击输出工具栏上的Render Panorama（渲染全景图）选项即可输出360度全景图。

图10.10.2 出图分辨率设置 1

图10.10.2 出图分辨率设置 2

图10.10.2 出图分辨率设置 3

10.10.3 管理上传全景图

图10.10.3 管理上传全景图 1

渲染好的全景图并不会被直接保存到本地文件目录下，需要先到输出工具栏的"小地球"选项——"管理上传"面板中查看预览。

图10.10.3 管理上传全景图 2

将光标放到全景预览图的左侧或右侧位置，图像会向左或向右转动，你可以将全景图上传到云端，便于在网络上查看全景图。

图10.10.3　管理上传全景图 3

上传完成后会生成一个网址链接和二维码，点击"预览"按钮会自动跳转到网页版全景图。将光标放到预览按钮上，此时会出现一个二维码，使用手机微信扫描二维码就可以在手机上预览全景图了，非常方便。点击中间的"飞到全景位置"按钮，可以使渲染窗口中的视图与全景预览图的视图同步。

图10.10.3　管理上传全景图 4

将全景图上传到云端后，更多选项中设置选项也会发生变化，大家可以根据需求去选择相关选项。

10.11　VR漫游场景输出

如果想要输出能够在渲染场景中任意行走的VR漫游

场景，点击Enscape主工具栏中的EXE图标即可，它会将渲染场景打包到一个后缀名为.exe的可执行文件中，支持在Windows系统上查看。可以把这个导出的文件发给其他的人，对方仅能查看效果，但无法编辑场景中的模型。

图10.11　VR漫游场景输出 1

导出过程中不要对SketchUp和Enscape进行操作，待文件导出完成后，会跳出一个对话框，如下图10.11VR漫游场景输出2所示，表示导出文件的大小。

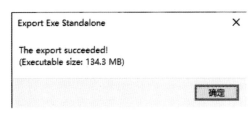

图10.11　VR漫游场景输出 2

导出的VR场景效果和在实时渲染窗口中看到的画面效果几乎是一样的。我们还可以在窗口左侧的设置面板中对相关的参数，比如视图、输入、设备、性能等选项进行调整设置。点击画面右上方的按钮，可以切换行走模式与飞行模式，其他的操作快捷键也和渲染窗口中的一样，如果大家不会，可以参考窗口下方的快捷键导航栏。

图10.11 VR漫游场景输出 3

10.12 动画视频输出

学习动画视频制作先要了解什么是"关键帧"和"帧速率"。

10.12.1 关键帧的概念

图10.12.1 关键帧的概念

关键帧是计算机动画术语，帧就是动画中最小单位的单幅影像画面，相当于电影胶片上的每一格镜头。在动画软件的时间轴上，帧表现为一格或一个标记。

关键帧相当于二维动画中的原画，指角色或者物体运动或变化中的关键动作所处的那一帧。关键帧与关键帧之间的动画可以由软件来创建，叫作过渡帧或者中间帧。简单地说，一帧就是一张图片，把多张连续动作的图片串联起来快速播放就形成动画。

10.12.2 帧速率的概念

帧速率是指在1秒钟时间里传输的图片的帧数，也可

图10.12.2 帧速率的概念

以理解为图形处理器每秒钟能够刷新几次，通常用FPS（Frames Per Second）表示。每一帧都是静止的图像，快速连续地显示帧便形成了运动的假象，高的帧速率可以得到更流畅、更逼真的动画。每秒钟帧数愈多，所显示的动作就会愈流畅。

10.12.3 创建动画路径

在渲染窗口中按"K"键调出Enscape视频编辑器工具栏，我们可以通过该面板来创建动画路径。

图10.12.3 创建动画路径 1

这边给大家讲解一下创建动画路径的方法与技巧。由于在Enscape渲染窗口中我们无法去设置相机具体的高度、角度及位置参数，因此建议大家可以将SketchUp的场景页面作为关键帧的脚本，一个场景页面就表示一个关键帧。为了便于大家理解，我这边创建了两个关键帧场景页面，客厅1关键帧（起始帧）与客厅1关键帧（结束帧），并分别设置了不同的相机视点位置，如下图10.12.3创建动画路径2所示。

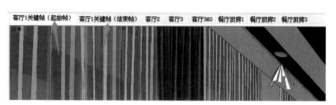

图10.12.3 创建动画路径 2

图10.12.3　创建动画路径 3

图10.12.3　创建动画路径 6

图10.12.3　创建动画路径 4

点击起始帧场景页面后，在视频编辑器上点击一次"Add keyframe"添加一个关键帧，接着点击结束帧场景页面，再添加一个关键帧，一个动画路径就创建好了。点击总持续时间下方的时间刻度条，向左拖动，可以增加当前动画路径的总时长，点击Preview即可预览动画。

图10.12.3　创建动画路径 7

通过"一天中的时间"选项可以调整当前关键帧在24小时中所处的具体时间段，阳光的位置也会随着时间段的变化而变化。将不同的关键帧分别调整到一天中的不同时间段，会得到非常有趣的动画效果。

"时间戳"下方的时间刻度表示从上一帧到当前关键帧的时长，适当增加关键帧的时长可以放缓动画的播放速度，视觉观感会更好。景深-焦点与视觉设置面板中的Depth of Field是关联的，如果想要在视频编辑器中调整景深和焦点，需要将视觉设置面板中的Depth of Field调整到0%以上的数值。

图10.12.3　创建动画路径 5

在渲染窗口中将视图移出当前位置，就能够看到动画路径，动画路径的两端分别有一台摄影机图标，表示刚才添加的关键帧。点击摄像机或者点击时间轴上的白色小三角，这样就可以跳转到指定关键帧的镜头画面，可以对其相机的位置、时间、视野范围等进行调整设置。

点击Insert可以在当前路径中插入一个关键帧；调整完关键帧参数后需要点击Apply才能生效；如果对当前关键帧的视点位置不满意可以点击Delete删除；点击Back可以返回到上一级菜单。

按照上面讲的利用场景页面创建动画路径的方法，大家可以自行创建其他的动画路径。

10.12.4 动画路径保存与载入

一个动画视频往往是由多个视频片段组成的，一个片段就代表一条动画路径，大家在创建动画视频的时候一定要有片段的概念，不要想着一条动画路径把所有的空间都展示完了。

图10.12.4 动画路径保存与载入 1

在Enscape输出工具栏上，有个保存动画路径的功能，可以将动画路径保存为xml文件，存储在本地文件目录下。

图10.12.4 动画路径保存与载入 2

可以一边创建动画路径一边输出视频文件，也可以先将所有的动画路径创建好后再来逐个输出视频文件，这样就需要重新加载之前创建好的动画路径。

10.12.5 动画视频输出参数设置

打开视觉设置面板，对动画视频输出参数进行设置，如下图10.12.5动画视频输出参数设置所示。

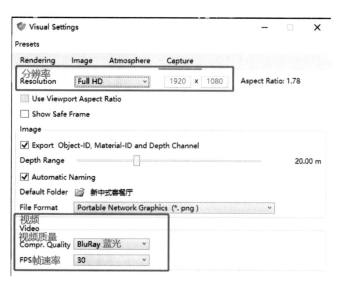

图10.12.5 动画视频输出参数设置

分辨率表示视频的长、宽像素大小，由于目前大部分电脑显示器都是2K的分辨率，所以一般选择1920×1080就可以了，分辨率越高渲染时间越长。因此建议大家配备一块高性能的显卡（至少英伟达GTX 1060 6GB及以上型号）。

如果是在电脑上播放，视频压缩质量建议选择Web（网页）或BluRay（蓝光）级别。压缩质量越高，视频画质越好，且不会影响出图的速度，但会增加视频的文件量大小。

帧速率建议选择25帧/秒或30帧/秒，帧速率越高，画质越流畅，但会增加渲染时长及视频文件量大小。

10.12.6 导出动画视频

点击输出工具栏上的渲染视频选项导出动画视频，

图10.12.6 导出动画视频 1

在弹出的保存对话框下方给视频文件起个名称，保存类型只有mp4一种格式，并指定一个导出路径，点击保存按钮即可。

视频	
时长	00:00:20
帧宽度	1920
帧高度	1080
数据速率	25766kbps
总比特率	25766kbps
帧速率	30.00 帧/秒
文件	
名称	客厅1.mp4
项目类型	MP4 文件
文件夹路径	
大小	61.4 MB
创建日期	2020/9/5 1:09
修改日期	2020/9/5 1:10

图10.12.6 导出动画视频 4

图10.12.6 导出动画视频 2

只要你的显卡性能好（我的显卡型号是英伟达ＲＴＸ2070 8ＧＢ），你可以看到红色的渲染进度条在飞速向前推进。如果你曾经见识过Ｖ－Ｒａｙ渲染过动画视频的速度，那Enscape的动画视频渲染速度会快到让你无法想象。

让我们来看看渲染完成后的视频属性信息，总时长20秒，分辨率为1920×1080，帧速率为30帧/秒，文件大小61.4M，渲染时间为1分钟，你没看错，确实是1分钟。

ＯＫ，到此整个动画路径创建及视频输出的流程就讲完了，你们学会了吗?

图10.12.6 导出动画视频 3

「＿第十一章　室外景观案例表现」

第十一章　室外景观案例表现

11.1　表现主题概述

Enscape除了适用于室内的快速表现，也可以用于室外景观、建筑场景的表现，特别是制作建筑、景观动画。配合Enscape资产库中丰富的代理模型以及2.8.0+26218版本新增加的动画植被功能，再加上RTX实时光线追踪功能，你可以做出非常棒的室外建筑、景观动画来。在本章节中，我们将为大家讲解如何使用Enscape渲染室外景观场景。

图11.1　表现主题概述

11.2　地形拼接与修复

如下图11.2地形拼接与修复1所示，由于山坡地形两侧的长度有限，后面我们在做动画视频远景镜头时，如果视点离建筑主体太远，画面里就会出现"断头路"的现象，这相当影响画面的整体性。为了解决这个问题，我们需要先延伸一下山坡地形的长度。

图11.2　地形拼接与修复 1

我们先将山坡地形的群组或组件单独复制一份到原来模型的左侧作为地形的长度延展。注意不要把建筑部分的模型复制过去了，仅仅是山坡地表。

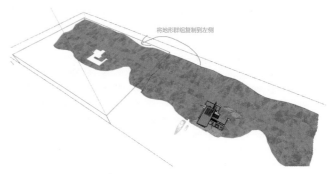

图11.2　地形拼接与修复 2

选择山坡地形副本群组或组件，在鼠标右键菜单中找到"翻转方向"，点击"组的红轴"将山坡地形镜像过来，这样就能与原来的地表无缝拼接到一块儿了。

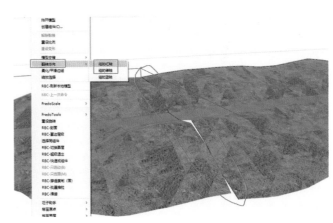

图11.2　地形拼接与修复 3

此时在山坡地形副本的中间就留下了一块缺失的面，为便于后面在山坡地表上种树，我们需要将这块缺失的面修复起来。如下图11.2地形拼接与修复4所示，在SketchUp视图菜单中勾选"隐藏物体"选项，单独选择并删除图中所示的表面，为了不破坏其他的山坡地表，可以先将其创建群组或组件再进行删除。

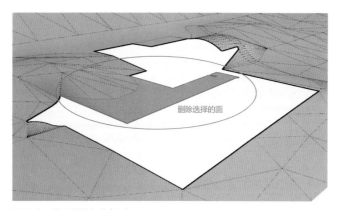

图11.2　地形拼接与修复 4

选择删除后剩下的缺失面边线，使用Curviloft（曲线放样）插件中的蒙皮轮廓工具对缺失的山坡地表进行修复。

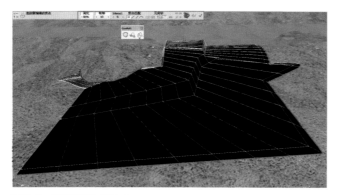

图11.2　地形拼接与修复 5

图11.2　地形拼接与修复 6

如下图11.2地形拼接与修复7所示，修复成功后会生成一个新的地表群组，将其炸开，与其他的山坡地形合并到一起，并进行材质填充。

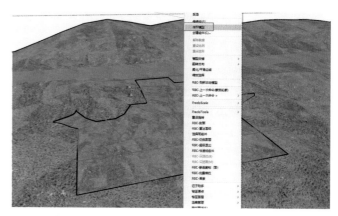

图11.2　地形拼接与修复 7

11.3　添加景观配景

对于建筑、景观设计来说，周边的配景（比如行人、植被、车辆、公共设施等）非常重要，它可以让整个画面效果看起来更加丰富、真实，哪怕是在建筑旁边增加几棵树也能让设计效果得到提升。接下来我们除了要在山坡地表添加一些植被，还要给场景添加一些其他的配景模型，比如人物、岩石、车辆、户外设施等。

图11.3　添加景观配景

在添加植被的时候，要注意植被的多样性，包括植被的品种、形状、大小，如果一个场景里只有一两款树，并且形状、大小都一样，这样做出来的效果图就不真实。做室外景观设计还要了解植物的生长分布受季节和气候、自然带影响。本案例的季节主题假定为夏季，那么最好就不要放置金黄色枝叶的树木，否则就违背了植物生长季节性的规律。有些植物主要生长在热带、亚热带季风气候地区，比如竹子、松树、柳树、榕树、椰子树、棕榈树、芭蕉树等；有些主要生长在高原高山气候带地区，比如高山松、杉树等。要避免不同气候、自然带的植被出现在同一个场景中。

11.3.1 Enscape资产库使用

图11.3.1 Enscape资产库使用 1

为了方便用户快速表达创意，减少场景模型量负担，Enscape官方特意推出了模型资产库，目前里面有将近2000个代理模型（官方后续会定期扩充模型数量），并进行了详细的分类，能够满足大部分室内外场景模型的需求。使用也很方便，直接选择想要的模型放置到场景中就可以了。

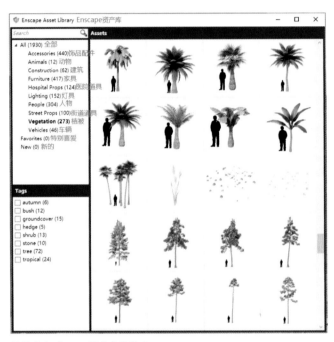

图11.3.1 Enscape资产库使用 2

使用官方资产库中的代理模型好处是模型量小，自带渲染参数，能让你的场景运行时更加流畅，缺点是加载预览图的时候速度比较缓慢。由于是代理模型，所以，模型在SketchUp场景中显示为白色模型，看不到模型表面的材质，造型也比较简单抽象，如果项目后面需要出LayOut施工图，在模型美观度方面会造成一定的影响。

11.3.2 外部载入模型及代理

除了使用Enscape资产库里的代理模型，你也可以从本地导入自己平时下载收藏的SketchUp配景模型，但你需

要手动调整材质渲染参数，对于体量比较大的文件模型，建议大家使用Enscapae的模型代理功能。否则，随着场景中的模型增多会变得越来越卡顿。具体详细操作见下图11.3.2外部载入模型及代理1~4。

图11.3.2 外部载入模型及代理 1

图11.3.2 外部载入模型及代理 2

图11.3.2 外部载入模型及代理 3

图11.3.2　外部载入模型及代理 4

11.3.3　Skatter自然散布

由于室外场景大都比较大，特别是在添加植被的时候，如果使用前面两种方法，效率就太低了。下面为大家讲解一款能够一次性大面积快速种树的神器——Skatter自然散布插件的使用方法。

图11.3.3 Skatter自然散布 1

Skatter（自然散布）是一款专为SketchUp用户开发的商业插件，它可以通过参数化的方式沿指定路径、表面（包括异形曲面）散布植被。它支持V-ray，Thea Render，Enscape三款SketchUp平台上主流的渲染器，为了减少SketchUp的模型量压力，它还可以绕过SketchUp直接在渲染窗口中显示散布效果。

用"Enscape资产库代理模型+Skatter自然散布"的方法，我们可以用最快的时间实现模型量最小的植被种植，我想聪明的你已经知道接下来该怎么做了。但别急，在此之前我们先要处理好组件的嵌套关系。目前山坡地表的群组中还包括了一条柏油路，我们需要先将其单独选出来创

建成组件，然后与山坡地表群组分开，两者不要相互嵌套，否则不利于后面单独选择植被散布承载面。记得把山坡地表群组创建成组件（便于后面统一编辑）。

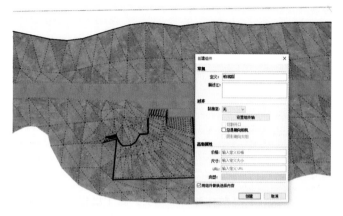

图11.3.3　Skatter自然散布 2

把柏油路组件Ctrl+X剪切掉，退出山坡地表组件，点击编辑菜单下的定点（原位）粘贴功能，将柏油路组件粘贴到地表原来的位置。

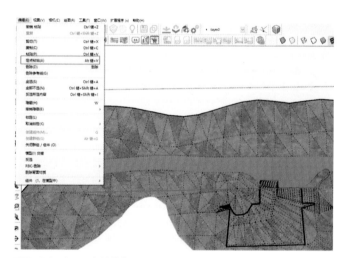

图11.3.3　Skatter自然散布 3

好了，接下来打开Enscape资产库，将你要散布的植被先放置到SketchUp场景中。然后打开Skatter插件散布参数选项面板，将刚才从Enscape资产库拖出来的代理模型逐个添加到散布对象列表框中。

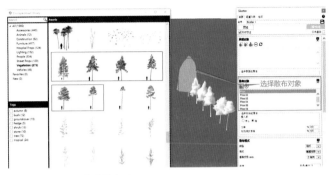

图11.3.3　Skatter自然散布 4

　　然后选择承载对象，可以是成组的表面，也可以是成组的曲线，或者是一个点。这里我们直接选择山坡地表组件，在散布模式中可以设置植被散布的密度，默认值为1，我设置的是5，密度越大，植被越密集。设置好后按Enter键确认，软件会重新计算散布密度，这个过程容易导致电脑卡死，不建议把密度设置得太高。勾选"冲突"选项，保存默认值100%。

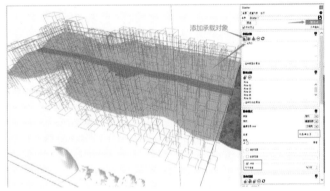

图11.3.3　Skatter自然散布 5

　　勾选随机变换下的"水平镜像"选项与"比例缩放"选项，保存默认参数，如下图11.3.3Skatter自然散布6所示。

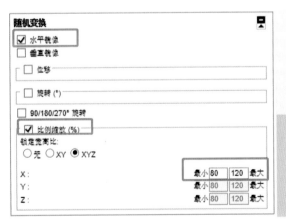

图11.3.3　Skatter自然散布 6

　　取消勾选右上角的"仅供渲染"，这样同时就能在SketchUp中生成植被模型。如果勾选，就仅在渲染器窗口中显示散布效果。点击生成按钮，耐心等待片刻就可以看到散布效果了。

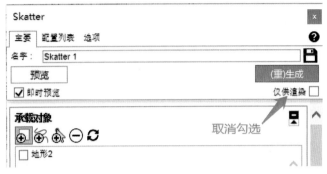

图11.3.3　Skatter自然散布 7

　　因为山坡地表延伸到了水面下，为了渲染效果的美观性，需要进入散布模型组件内部将水面下多余的树木模型删除。

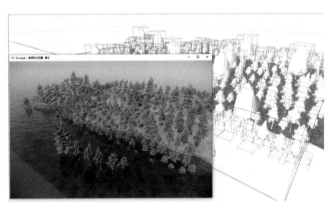

图11.3.3　Skatter自然散布 8

　　最后我们把左边的地表及散布好的植被组件复制一份拼接到原模型的右边，主要是为了后面好表现动画视频远景镜头。如果你的电脑比较卡的话可以忽略这个步骤。

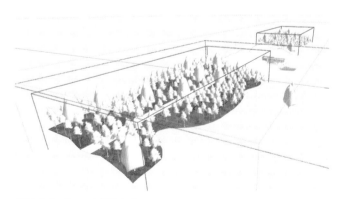

图11.3.3　Skatter自然散布 9

按照上述方法，将中间建筑主体周围的地形表面也种上植被。除了种树，当然你也可以在山坡地表上散布一些岩石、矮小的花草植被，但前提是要保障你的SketchUp还能够较流畅地运行。

图11.3.3　Skatter自然散布 10

在Skatter资产库中，官方也提供了草坪、灌木、花朵、岩石等几种散布对象给用户使用，但草坪对象大家一定要慎用，极容易导致电脑死机，草坪效果建议大家还是用Enscpae的Grass材质类型去做。

图11.3.3　Skatter自然散布 11

图11.3.3　Skatter自然散布 12

11.4　创建场景页面

添加场景页面的方法我们在室内空间案例表现的章节中进行过详细的讲解，在此就不重复了。这里主要讲一下对于室外建筑、景观项目的构图要点。

11.4.1　构图要点

一般建筑、景观项目场景都比较庞大，在构图的时候也可以分为多种，比如远景、全景、中景、近景等。远景可以采用"上帝视角"，也叫鸟瞰视角，鸟瞰视角的特点就是大而全，能够从空中完整地俯视建筑、景观场景的全貌，体现其规模大小。但鸟瞰视角并不是越高越好，大家记住一点，既要凸显出主体对象的中心位置，又要让观察者容易辨别主体对象与周边配景（环境）的关系。如下图11.4.1构图要点1所示。

图11.4.1　构图要点 1

全景的视点位置可以离主体对象更靠近一点，画幅不一定需要很宽。我们可以采用平视的角度，从多个方位（比如侧面、正面等）去表现建筑、景观主体对象与周边配景（环境）的关系。

图11.4.1　构图要点 2

中景可以把视觉重心放到建筑、景观主体或局部位置，尽量体现出其功能布局，如下图所示。

图11.4.1　构图要点 3

近景可以把视觉重心放到人与建筑、景观功能的互动关系上。

图11.4.1　构图要点 4

11.4.2　创建场景页面技巧

使用相机工具将SketchUp窗口的画面调整到合适的视点与视角，同时打开Enscape的视图同步功能进行渲染画面预览，如果是平视的视角记得先勾选两点透视图，如下图11.4.2创建场景页面技巧1所示，确定好没问题后再创建场景页面。

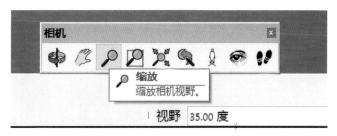

图11.4.1　创建场景页面技巧 2

使用SketchUp窗口右侧的场景面板去管理添加好的场景页面，比如添加场景、删除场景、场景命名、场景顺序排列等。

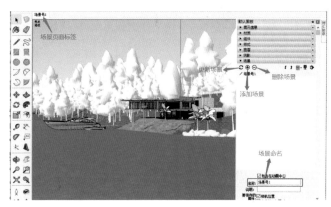

图11.4.1　创建场景页面技巧 3

11.5　材质参数调整

建筑、景观案例大部分都是室外的材质，调整起来都比较简单。为了节约调整材质的时间，如果最终的出图画面里看不到或者相机视点比较远的模型表面材质甚至可以不用调整。下面我们从案例中挑选几款比较有代表性的材质讲解一下，我们先调室外材质，再调室内的材质。

11.5.1　海水

我们先从材质面积最大的海水开始调起。水属于特殊材质，打开Enscape材质编辑器，将材质类型改为Water就会自动生成水的效果，我们可以在下方的选项中对水的参数属性进行更详细的调整。一般来说海水都是蓝色的，如

图11.4.2　创建场景页面技巧 1

果你选择的材质贴图本来就是蓝色的，就不需要单独调整水的颜色了。我们可以将风速调到10%，让海水的流速不要那么快；海水的波幅一般都比较大，将浪高调到80%，其他参数设置均保持默认值。

项草的设置。我们将草的高度调到60%，高度变化值保持默认。

图11.5.2　草地 1

图11.5.1　海水 1

图11.5.1　海水 2

图11.5.2　草地 2

11.5.2　草地

除了海水，草地在案例中的材质占比应该是最高的了，整个山坡地表都被草地覆盖了，由于模型原来自带的草地材质颜色比较枯黄，显然与夏季的属性不大符合，我们从SketchUp材质面板自带的材质库中挑选一款比较绿的草地材质进行替换。草地在Enscape中属于特殊材质，只需要在Enscape材质编辑器中将材质类型改为Grass即可呈现出草地针状的效果，同时在编辑器面板最下方会增加一

11.5.3　沥青地面

建筑后面的柏油路材质我们替换成了类似于高速公路的沥青地面材质，颜色比原来的材质更深了。我们将反照率贴图作为凹凸贴图使用，凹凸材质类型改为Bump map，凹凸值给到最大的10，看起来会显得比较粗糙；粗糙度调到60%，沥青地面还是有一定反射效果的，其他参数

保持默认。另外，建筑屋顶的水泥材质参数跟沥青地面差
不多，可以按照同样的参数来调整。

图11.5.3 沥青地面 1

图11.5.4 岩石 1

General   Albedo   Bump

Type   Default   ?
Albedo
Texture   Blacktop Old 02.jpg   🗑
Tint Color   ▾
Image Fade   ━━━━━━━━━━━━━━━━━━━━━●   100.0%

☐ Self-Illumination
☐ Transparency
Texture   ✚

Bump
Texture   Blacktop Old 02.jpg   🗑
Type   Bump map   ▾
Amount 凹凸值 ━━━━━━━━━━━━━━━━━●   10.00

Reflections
Roughness 粗糙度 ━━━━━━━━━●━━━━━━   60.0%
Texture   ✚ Use Albedo
Metallic   ●━━━━━━━━━━━━━━━━━━   0.0%
Specular   ━━━━━━━●━━━━━━━━━   50.0%

图11.5.3 沥青地面 2

11.5.4 岩石

场景中有几块巨大的岩石，岩石表面都是比较粗糙
的，所以粗糙度我们就保持默认的90%，凹凸的参数设置跟
沥青地面的参数设置是一样的。

General   Albedo   Bump

Type   Default   ?
Albedo
Texture   e78bcaaeeab35d4f6d39b9eaff85ccc...   🗑
Tint Color   ▾
Image Fade   ━━━━━━━━━━━━━━━━━━━●   100.0%

☐ Self-Illumination
☐ Transparency
Texture   ✚

Bump
Texture   e78bcaaeeab35d4f6d39b9eaff85ccc...   🗑
Type   Bump map   ▾
Amount 凹凸值 ━━━━━━━━━━━━━━━━━●   10.00

Reflections
Roughness 粗糙度 ━━━━━━━━━━━━━━━●━━   90.0%
Texture   ✚ Use Albedo
Metallic   ●━━━━━━━━━━━━━━━━━━   0.0%
Specular   ━━━━━━━●━━━━━━━━━   50.0%

图11.5.4 岩石 2

11.5.5 木纹

接下来我们调整建筑主体及室内部分的材质。案例中
应用木纹材质的地方主要有户外休闲区的木地板、室内的
木地板、室内家具木饰面。首先是户外休闲区的木地板，
根据其纹理样式与颜色，我们可以判断其反光值不是很
高，因此将粗糙度调到30%，依稀可以看到一点模糊的反射
效果就可以了，其他参数保持默认。

图11.5.5　木纹 1

图11.5.5　木纹 3

General	Albedo

Type　Default

Albedo
Texture　c62c86ba0027a51bebe9d5396074fd1...
Tint Color
Image Fade　100.0%

☐ Self-Illumination
☐ Transparency
Texture　✚

Bump
Texture　✚ Use Albedo

Reflections
Roughness粗糙度　30.0%

Texture　✚ Use Albedo
Metallic　0.0%
Specular　50.0%

图11.5.5　木纹 2

　　室内木地板可以给个凹凸效果，凹凸值为1.5，粗糙度调到10%。

General	Albedo	Bump

Type　Default

Albedo
Texture　2cc651b687be9f41b74e0873b271413...
Tint Color
Image Fade　100.0%

☐ Self-Illumination
☐ Transparency
Texture　✚

Bump
Texture　2cc651b687be9f41b74e0873b271413...
Type　Bump map
Amount凹凸值　1.50

Reflections
Roughness粗糙度　10.0%

Texture　✚ Use Albedo
Metallic　0.0%
Specular　50.0%

图11.5.5　木纹 4

　　室内家具木饰面主要包括厨房的餐桌、橱柜、二楼主卧的床、背景墙等，一般这种室内家具上的纹理凹凸都不是很高，凹凸值调到0.5，粗糙度调到20%即可。

图11.5.5　木纹 5

图11.5.6　玻璃 1

图11.5.5　木纹 6

11.5.6　玻璃

图11.5.6　玻璃 2

整栋建筑使用了大面积的透明玻璃材质，这样既利于自然采光，又方便从室内观察户外的风景。透明玻璃参数设置如下：勾选透明度选项，不透明度即代表玻璃的透明度，数值越低越透明；着色选项可以改变玻璃的颜色，这个地方我们就使用默认的白色好了；折射度保持默认的1.5；玻璃的表面是非常光滑的，粗糙度调为0%即可；高光反射可以适当调高，参数值为70%，其他参数保持默认。

11.5.7　金属钢管

然后是建筑结构中使用的金属钢管，位于主卧室的下方。由于是金属，我们将金属度调到100%，这种金属钢管的表面带有斑状的纹理，因此不会很光滑，将粗糙度调到50%左右就能体现出其材质效果了。

图11.5.7　金属钢管 1

图11.5.8　自发光材质 1

General | Albedo

Type	Default ▾	⑦
Albedo	
Texture	18230f4f45f02d51e5a35287e5b2cf8... 🗑
Tint Color	▾
Image Fade	████ 100.0%

☐ Self-Illumination
☐ Transparency
Texture ✛

Bump
Texture ✛ Use Albedo

Reflections
Roughness 粗糙度 ████ 50.0%
Texture ✛ Use Albedo
Metallic 金属度 ████ 100.0%

图11.5.7　金属钢管 2

General

Type	Default ▾	⑦
Albedo	
Texture	✛
Color	▾	⑦

☑ Self-Illumination 自发光
Luminance ████ 5000 cd/m² ⑦
Color ▾

☐ Transparency
Texture ✛

Bump
Texture ✛

Reflections
Roughness ████ 90.0%
Texture ✛
Metallic ████ 0.0%
Specular ████ 50.0%

图11.5.8　自发光材质 2

11.5.8　自发光材质

室内天花上的筒灯发光部位，我们将其设为自发光材质，亮度值可以根据室外环境光的亮度来调整，或者保持默认值。

11.5.9　中庭地砖

客厅与厨房中间的中庭空间的地砖，看起来比较像防滑砖，表面会有一定的凹凸效果，我们将其反照率贴图作为凹凸贴图使用，凹凸值设为0.5即可，粗糙度设为20%左右，其他参数保持默认。

图11.5.9　中庭地砖 1

图11.5.10　户外地砖 1

图11.5.9　中庭地砖 2

图11.5.10　户外地砖 2

11.5.10　户外地砖

位于一层厨房与过道外侧的灰色纹理地砖，看来应该是表面比较光滑的瓷砖，我们将其粗糙度设为5%左右即可，如下图11.5.10户外地砖1所示，其他参数保持默认。

11.6　灯光参数调整

本案例中的人工光源主要是筒灯，在讲室内案例灯光部分的时候我们说过，对于相同的物体最好创建为具有关联属性的组件，便于统一调整参数。大家需要先进入筒灯组件最里面的嵌套层级内，检查一下场景中所有的筒灯是否为同一个组件，只要我们点击选择一盏筒灯，其他筒灯一起也被选中那就是了。

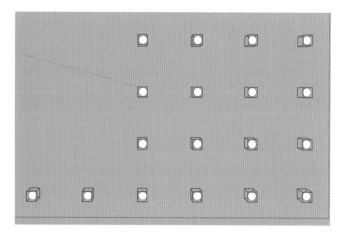

图11.6 灯光参数调整 1

接下来我们打开Enscape对象面板，点击Spot（聚光灯），在筒灯正下方位置沿垂直方向点击四次创建聚光灯光源，其他的筒灯会自动同步更新。

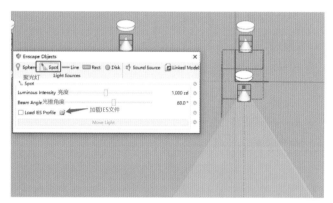

图11.6 灯光参数调整 2

点击Load IES Profile后面的文件图标，从本地文件目录中加载一款IES光域网文件，如下图11.6灯光参数调整3所示。

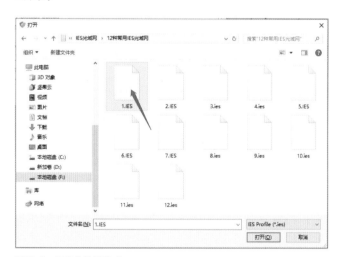

图11.6 灯光参数调整 3

下一步根据Enscape渲染窗口中的实时显示效果来调整聚光灯的亮度值，要能保证室内有明亮的光线，不能有非常暗的地方就可以了。这边我给了3000cd的亮度，仅供参考，大家根据实际情况来调整。如果需要改变灯光颜色，在SketchUp材质编辑器中选择需要的色块填充到聚光灯模型上即可。

图11.6 灯光参数调整 4

图11.6 厨房人工光效果

图11.6 客厅人工光效果

图11.6 主卧人工光效果

其他的台灯、吊灯、落地灯之类的光源大家可以自行调整。

11.7　自然光调整

自然光主要指的是太阳光、环境光，当然相机的曝光值也会对场景的整体亮度产生影响，这些参数都是在视觉设置面板里调整。

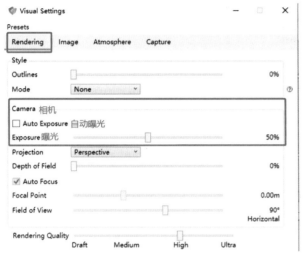

图11.7　自然光调整 1

在本案例中，我们取消勾选了渲染面板下相机的自动曝光选项，采用手动曝光的方式，保持50%的曝光值。

图11.7　自然光调整 2

然后是环境面板中的参数设置，太阳光亮度太亮会让整个场景的物体表面被覆盖一层刺眼的暖黄光，但并不是所有的场景都适合这种效果，因此在这个地方我们适当调低了太阳光的亮度。

人工光亮度选项的作用是统一增加或减弱场景中所有聚光灯、球形灯、矩形灯、条形灯的亮度，其默认值是100%。

图11.7　自然光调整 3

另外，我们从外部载入一张HDRI贴图替代了Enscape自带的环境光及背景，当我们使用HDRI贴图文件后，画面中的天空、海水颜色，以及植被上的光照、阴影效果都发生了微妙的变化，而且还能看到树林后方远处的山体背景，这些微妙的变化都会为画面效果增色不少。

HDRI全称叫作高动态范围图像。HDRI拥有比普通RGB格式图像（仅8bit的亮度范围）更大的亮度范围。标准的RGB图像最大亮度值是255/255/255，如果用这样的图像结合光能传递照明一个场景的话，即使是最亮的白色也不足以提供足够的照明来模拟真实世界中的情况，渲染结果看上去会平淡而缺乏对比，原因是这种图像文件将现实中的大范围的照明信息仅用一个8bit的RGB图像描述。但是使用HDRI的话，相当于将太阳光的亮度值（比如6000%）加到光能传递计算以及反射的渲染中，得到的渲染结果也是非常真实和漂亮的。

11.8　普通效果图输出

11.8.1　出图设置

待灯光、材质参数、场景页面创建完成并确认没问题后，就可以输出效果图了。打开视觉设置面板，可以在输出选项下对效果图的分辨率、文件格式等参数进行详细的设置。

对于普通效果图来说超高清的分辨率足矣，如果你对图像宽高比有要求，可以在分辨率后面的下拉选项中选择Custom（自定义），这样就可以通过手动修改出图分辨率尺寸的方式来控制图像宽高比。

如果你需要在Photoshop中对效果图进行调色处理，就将"输出对象ID、材质ID和景深通道图"选项勾选。景深范围控制的是景深通道图上黑色部分离视点的距离。

勾选Automatic Naming选项后，输出的效果图将自动以出图日期、时间命名，此外你还可以点击Default Folder后面的文件夹图标，指定一个默认的出图目录。

Enscape的普通效果图文件格式有四种：jpg、png、exr、tga，如果需要进行后期处理，建议选择png或tga格式。设置完出图参数后，点击输出工具栏上的截屏按钮或使用快捷键Shift+F11就可以出图了。

图11.8.1 出图设置 1

图11.8.1 出图设置 2

在弹出的出图管理面板中，我们直接点击最下方的"Render"即可。如果你需要批量出图，可以按住Ctrl键或者Shift键单独选出你想要输出的效果图对应的场景名称，再点击"Render"，或者点击上方的选择收藏的视图，这样将会输出你之前在视图管理面板中使用黄色五角星标记过的场景页面效果图。

图11.8.1 出图设置 3

渲染完成后就会在输出目录中获得四张不同色彩的通道图片，第一张是标准的RGB颜色通道图；第二张是黑白色的图片为景深通道图，景深通道图控制效果图的景深范围与模糊程度，黑色部分表示清晰的地方，白色部分表示模糊的地方；第三张是材质ID通道图，其特点是使用不同颜色来区分不同的材质贴图；第四张是对象ID通道图，其特点是使用不同颜色来区分不同的群组或组件对象。利用材质ID与对象ID通道图，你可以在Photoshop中对效果图不满意的地方进行调整。

图11.8.1 出图设置 4

11.8.2 Photoshop后期处理

Photoshop是一款专业的图像处理软件，我们可以利用它来对导出的效果图中不理想的地方进行二次编辑，比如色彩调整、曝光度调整、替换天空背景图案等后期处理。

●画面饱和度调整

我们用Photoshop打开输出的RGB颜色通道图，按Ctrl+J复制一份副本。

图11.8.2　画面饱和度调整 1

将材质ID通道图与对象ID通道图也分别拖入Photoshop中，并点击图层名称前面的"小眼睛"按钮关闭图层，跟SketchUp的关闭图层功能一样，这样可以让我们便于调整RGB颜色通道图。

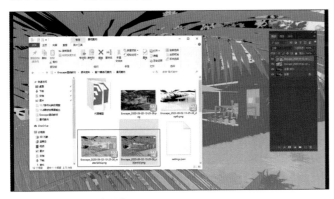

图11.8.2　画面饱和度调整 2

选择RGB颜色通道图的图层名称，点击图层面板下方的"调整图层"按钮，在弹出的选项中选择自然饱和度选项。我们将自然饱和度适当提高到50，这样可以让整幅画面的颜色显得更加鲜艳。

图11.8.2　画面饱和度调整 3

如果需要对局部的材质或对象进行颜色调整，就需要打开材质ID通道图或对象ID通道图图层，然后借用"魔棒"工具选出图层上需要调色的材质色块后，再选择需要调整的选项，比如对色相、饱和度、亮度、对比度、自动曝光等参数进行具体的调整。如下图11.8.2画面饱和度调整4所示。

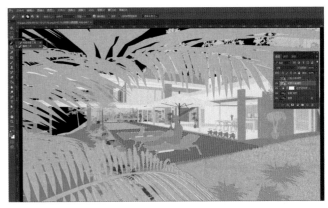

图11.8.2　画面饱和度调整 4

图11.8.2　画面饱和度调整 5

●景深效果调整

那景深通道图又有什么作用呢？我们可以使用它来做出景深模糊效果，具体操作步骤如下。

将景深通道图拖入Photoshop中，Ctrl+A全选，Ctrl+C将图片复制。

图11.8.2　景深效果调整 1

接下来回到刚才的RGB标准通道文件中，点击图层面板上方的"通道"选项。再点击下方的图标新建一个Alpha通道，Ctrl+V粘贴刚才的景深图片，如下图11.8.2景深效果调整2所示。

图11.8.2　景深效果调整 2

图11.8.2　景深效果调整 3

关闭Alpha通道，打开RGB通道，然后回到"图层"面板中。

图11.8.2　景深效果调整 4

在滤镜菜单下依次选择模糊-镜头模糊。

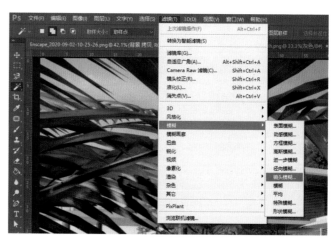

图11.8.2　景深效果调整 5

在深度映射选项中将Alpha1通道作为源使用。

图11.8.2　景深效果调整 6

模糊焦距表示相机焦点中心位置，可以直接点击画面中的任意位置试试，光标点击的地方就比较清晰，其他地方的画面就比较模糊。光圈半径可以调整模糊的程度，参数越大越模糊，调好后点确定即可。

图11.8.2　景深效果调整 7

将调整完成的效果图另存为tiff格式文件保存到本地，具体保存设置参考下图11.8.2景深效果调整8。

图11.8.2　景深效果调整 8

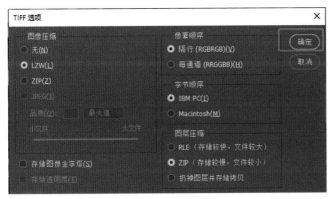

图11.8.2　景深效果调整 9

tiff格式文件既可以保存图层、通道、调色参数等信息，又可以将文件量压缩到最小（比psd格式会小很多）。另外，还可以另存一份文件量更小的jpg或png格式的图像文件，便于发送给客户查看或分享到网络平台。

11.9　VR漫游场景输出

如果想要输出能够在渲染场景中任意行走VR漫游场景，点击Enscape主工具栏中的EXE图标即可，它会将渲染场景打包到一个后缀名为.exe的可执行文件中，支持在Windows系统上查看。你可以把这个导出的文件发给其他的人，对方仅能查看效果，但无法编辑场景中的模型。

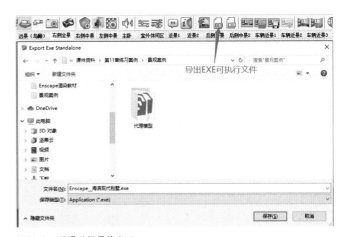

图11.9　VR漫游场景输出 1

导出过程中不要对SketchUp和Enscape进行操作，待文件导出完成后，会跳出一个对话框，如下图所示，表示导出文件的大小。

图11.9　VR漫游场景输出 2

导出的VR场景效果和在实时渲染窗口中看到的画面效果几乎是一样的。我们还可以在窗口左侧的设置面板中对相关的参数，比如视图、输入、设备、性能等选项进行调整设置。点击画面右上方的按钮，可以切换行走模式与飞行模式，其他的操作快捷键也和渲染窗口中的一样，如果大家不会，可以参考窗口下方的快捷键导航栏。

图11.9　VR漫游场景输出 3

11.10　动画视频输出

跟第十章中我们用到的方法一样，大家可以借助于SketchUp场景页面来创建动画路径。先在SketchUp中创建好"起始帧页面"与"结束帧页面"，如果有需要，你也可以在中间手动插入"过渡帧页面"。在创建场景页面的时候，要尽可能保证动画过渡时的效果较为流畅、圆滑。添加好场景页面后再添加动画关键帧就简单了。

11.10.1　创建动画路径

我们先来创建"片段1"，保持SketchUp的视图画面与Enscape渲染画面同步，在渲染窗口中按K键，调出视频编辑器面板。然后选择"起始帧页面"，在渲染画面中点击Add keyframe按钮添加一个关键帧，如下图11.10.1创

建动画路径1所示。

继续选择"结束帧页面（或过渡帧）"，再添加一个关键帧，第一条动画路径（片段1）就创建好了。你可以在总时长选项中调节视频的播放速度以及时间，时间越长，视频播放的速度越缓慢、流畅，所以建议大家适当增加关键帧之间的长度。

11.10.2　创建延时动画

相信大家都看见过延时摄影视频，将相机放到一个固定的视点位置去记录一个低速运转的动态场景（比如天空中的云彩、星辰变换或植物的生长过程等）在某一段时间内的变化过程，最后再用数十倍的速度去播放这段视频。

延时动画类似于延时摄影，只不过延时动画的相机镜头位置是可以移动的，摄影专业术语中也叫作"运镜"。对于室外建筑、景观场景来说，我们就可以使用"运镜"的拍摄手法去表现场景在某一段时间内的变化效果，包括自然光的明暗变化、阳光的照射角度等，但要做出这样的效果就不能使用HDRI贴图作为环境照明与天空背景，所以

图11.10.1　创建动画路径 1

图11.10.2　创建延时动画 1

图11.10.1　创建动画路径 2

图11.10.2　创建延时动画 2

图11.10.2 创建延时动画 3

图11.10.2 创建延时动画 4

大家先打开视图设置面板，将环境选项中的地平线来源改为默认的Clear或其他预设选项。

回到渲染窗口中，我们在刚才添加好的动画路径基础上，点击时间轴下方的白色小三角图标，就可以对某一个关键帧的具体参数进行调整，比如时间、视野、景深效果等。我们首先点击起始帧，进入到视频编辑器二级菜单中，如下图11.10.2创建延时动画2所示，你可以试着将"一天中的时间"调整到上午9点，然后点击一次左边的Apply（应用）选项（注意不要点第二次），再点击Back（返回）返回一级菜单。

用同样的方法点击过渡帧或结束帧的小三角图标，将"一天中的时间"调到18点，并点击应用（点一次）和返回按钮，如下图11.10.2创建延时动画3所示。

现在，我们点击Preview（预览）按钮预览一下刚才设置好的效果，是不是发现场景中的自然光明暗、太阳的照射角度、天空中云彩的位置都在发生变化呢？是的，创建延时动画就是这么简单。

11.10.3 保存与载入动画路径

如果确定动画效果没有问题后，可以将动画路径保存，以便后面进行修改调整，点击输出工具栏上的图标，将动画路径保存到本地文件目录。

这个时候我们有两个选择：继续创建第二条动画路径（片段2）或直接导出当前动画路径视频文件。如果选择前者，我们需要在视频编辑器中将"片段1"的动画路径先删

图11.10.3 保存与载入动画路径 1

图11.10.3 保存与载入动画路径 2

除掉，点击"Remove all"，等需要导出视频时可以点击输出工具栏上的图标把动画路径再重新加载回来。

11.10.4 动画视频输出参数设置

如果选择直接导出动画视频，那我们需要到视觉设置面板对动画视频参数进行设置，如11.10.4动画视频输出参数设置所示。

分辨率表示视频的长、宽像素大小，由于目前大部分

电脑显示器都是2K的分辨率，所以一般选择1920×1080就可以了。如果你是4K分辨率的显示器，可以选择输出4K级别（3840×2160）的分辨率，但会成倍地增加渲染视频的时长，因此建议大家配备一块高性能的显卡（至少英伟达GTX 1060 6GB及以上型号）。

如果是在电脑上播放，视频压缩质量建议选择Web（网页）或BluRay（蓝光）级别。压缩质量越高，视频画质越好，且不会影响到出图的速度，但会增加视频的文件量大小。

帧速率建议选择25帧/秒或30帧/秒，帧速率越高，画质越流畅，但会增加渲染时长及视频文件量大小，如果按照"片段1"30秒的总时长来计算，一共需要渲染900张普通的图片（30秒×30帧）。

11.10.5　导出动画视频

点击输出工具栏上的图标导出动画视频，在弹出的保存对话框下方给视频文件起个名称，保存类型只有mp4一种格式，并指定一个导出路径，点击保存按钮即可。

下图11.10.5导出动画视频2为视频导出过程。

视频导出后的详细信息如下图11.10.5导出动画视频3所示：总时长29秒，4K超高清级别的分辨率，渲染用时13分钟，我的显卡型号是英伟达RTX 2070 8GB，我想这个速度大部分人应该都能够接受。

视频播放时候的画质也是非常清晰的，从画面来看，色彩饱和度、曝光度等色值与渲染窗口中看到的几乎一样。

好了，不知道大家学会了吗？最后我们将多个导出的视频片段使用专业的视频剪辑软件（4K的视频建议用

图11.10.5　导出动画视频 1

图11.10.5　导出动画视频 2

图11.10.5　导出动画视频 3

图11.10.5　导出动画视频 4

Adobe Premiere）合成到一块儿，配上背景音乐和文字介绍，就可以制作出一段很棒的动画视频了。关于视频剪辑的相关知识就需要大家自行去学习研究了。

图11.10.4　动画视频输出参数设置

关于如何获取课件资料

　　亲爱的读者朋友，本书中涉及的所有课件资料，请关注下方微信公众号，在文字输入框中回复关键词"Enscape练习课件"获取。如遇课件资料无法下载的情况，可在微信公众号中给我们留言。
　　同时，也欢迎您加入我们的Enscape学习交流QQ群分享您的学习经验。如在学习过程中，有技术方面的问题，欢迎在群里交流探讨。

建筑设计快速可视化
微信公众号

Enscape学习交流QQ群
群号715046891